Chung Ku Publishing

헤어창작론

Consumer & Hair by Night

청구문화사

머리말

한 사회의 문화적인 요소들은 시간을 통하여 연속적으로 상호 작용을 하면서 변화되어 왔습니다. 그 중에서도 헤어스타일은 복식과 더불어 문화로부터 성장하고 물질적, 정신적, 사회적 산물에 의하여 영향을 받으며 기술적인 발달을 거듭하여 왔습니다. 이 교재를 쓰게 된 동기는 대학에서 강의를 하다 보니 이러한 사회적인 변화와 기능의 향상에도 불구하고 교과목에 적합한 토탈 패션 교재가 준비되어 있지 않아 헤어 아트의 대학원 코스라 할 수 있는 헤어 창작론을 미흡하지만 발간하게 되었습니다.

헤어스타일에는 시술 방법에 따라 헤어디자인의 기본이 되는 커트와, 화학제품과 기구를 이용하여 컬과 웨이브를 영구적으로 지속할 수 있도록 시술하는 퍼머넌트, 열과 바람을 이용하여 젖은 모발을 건조시키면서 새로운 스타일을 만들어 내는 브로우 드라이와 헤어 세팅, 다양한 색상을 연출할 수 있는 컬러링, 예술성과 창작성이 가미된 업스타일과 크리에이티브(컨슈머 스타일) 그리고 헤어바이나이트 등으로 분류할 수 있습니다.

그 중에서도 크리에이티브와 헤어바이나이트는 작품성이 뛰어난 헤어 장르로서 업스타일이 일반적인 행사에 수용된 헤어 디자인이라 한다면 본 교재에서 다루는 크리에이티브와 헤어바이나이트는 특별한 행사나 칵테일파티에 행하는 헤어스타일입니다. 또한 헤어 콘테스트나 페스티발용으로 많이 사용되고 있는 스타일입니다.

헤어 크리에이티브와 헤어바이나이트의 완성을 위해서는 미래 지향적인 안목으로 작품을 감상할 줄 알아야 합니다. 평소 살롱에서 손님들의 요구대로 헤어 테크닉을 제공하는 미용인이었다면 이 교재를 마스터한 후에는 미용이 모발이라는 개체를 통하여 자신이 창출하고 싶은 자연 형태학적인 조형 예술의 오묘한 진수를 만끽할 수 있을 것으로 사료됩니다.

새의 깃털처럼 가볍고도 섬세한 커트 기법과 컬러 그라데이션의 하이라이트 터치 기법, 오리지널 세팅의 개념 원리와 브로우 드라이 기법, 헤어 피스의 제작 과정과 액세서리를 조화롭게 부착시키는 기법, 특수 메이컵 등 고난이도의 미용 테크닉을 기초부터 응용까지 쉽게 접근할 수 있도록 시연을 통하여 자세하게 시술 방법을 제시하였습니다. 미용학과 학생들, 또는 대학생들과 대학원생들, 더 나은 헤어 기능을 추구하는 미용인들, 이 분야에 관심을 갖고 계신 분들에게 조금이나마 도움이 되었으면 합니다.

끝으로 이 책이 출간되기까지 수고하신 교수님들, 그 외 여러분들과 모델, 도와주시고 격려해주신 고마우신 분들에게 감사드리며, 출판을 맡아준 청구문화사 임직원님들께 진심으로 감사의 마음을 전합니다.

2007년 7월

저자일동

목 차

Ⅰ. 헤어 크리에이티브 디자인 기술

II. 헤어바이나이트 디자인 기술

I

헤어 크리에이티브(컨슈머) 디자인 기술

Hair Creative(Consumer) Design Technique

제 1 장 서 론

1. 헤어 크리에이티브(컨슈머)의 정의

헤어 크리에이티브(컨슈머 ; Consumer)란 싸롱(Salon) 고객들을 위해 새롭게 창작되는 헤어 스타일을 말한다. 현재와 미래에 유행될 개성적인 커트와 컬러, 드라이와 횡거 웨이브(Finger wave)를 이용한 세부적이면서도 유동성있는 헤어디자인을 창작할 수 있다. 이를 미리 예견하고 제시하는 일반적인 소비자 개념의 상업성과 기술적인 테크닉이 가미된 자유스러운 낮 머리 스타일(Day hair style)을 말한다.

헤어 크리에이티브(컨슈머) 스타일의 특성

① 비교적 간소하고 활동적인 낮 머리(Day hair) 스타일이기 때문에 전체적으로 지나친 장식성을 배제하고 자연스럽고 우아하게 흐르는 스타일의 흐름을 보여준다.

② 색상과 컬의 사용에 있어 과감하고 강한 색상보다는 자연스러운 색상을 배색하며 전체적인 컬의 느낌도 C,S,J 흐름이 부드럽게 연출되는 웨이브를 형성한다.

③ 전체적인 구도 및 형태는 삼각형 또는 마름모형을 이루면서 외각의 실루엣 또한 윗머리(Crown)와 네이프(Nape) 라인의 연결이 자연스러운 흐름을 보여주어야 한다.

④ 의상과 메이크업 코디는 일상적인 데이 스타일 표현을 위해 당시 유행하는 색상 등에 맞추어 과장된 모양보다는 심플한 디자인으로 완성하여 헤어 크리에이티브 헤어스타일과 전체적인 조화가 이루어지도록 한다.

컨슈머 스타일

2. 헤어 크리에이티브(컨슈머)의 도입과 흐름

1960년 이후 여성의 사회진출이 높아짐에 따라 보다 기능적이고 간편한 헤어스타일이 요구되면서 여성의 헤어 스타일링 과정이 섬세해 졌다. 또한 복잡한 오리지널 세트 스타일(Original set style)이 젖은 상태에서 신속한 드라이 스타일링으로 기능성이 높은 스타일로 바뀌게 되었다. 이에 따라 과잉 장식을 배제하고 단순한 헤어스타일이 시대적 요구에 따라 일반화 되었다.

미용 산업 활성화에 따라 기술 향상의 필요성이 대두되면서 미용 기술의 질적 향상을 도모하는 국내외의 다양한 미용대회 개최로 이어졌다. 이러한 사회 변화에 따른 헤어스타일 변화 그리고 선의의 경쟁을 통해 다양한 국내외 미용 경진 대회의 활성화는 컨슈머 스타일이 작품머리 종목으로 채택되는 배경이 되었다. 컨슈머는 국제 및 전국 규모의 큰 대회뿐만 아니라 소규모 지방 대회에서도 주요 경쟁 종목 중 하나로 일반화되었다.

1980년대까지 커팅 스타일, 낮 머리 스타일 또는 세팅 스타일 등으로 통합적인 명칭이 구분되지 않았다. 미용 분야의 전문화와 특성화가 두드러진 1990년대 이후 고객 성향에 따른 드라이 기법으로 스타일링화 되어 소비자 개념의 컨슈머 스타일이라는 명칭으로 일반화되었다. 2004년 후반부터 컬러색상과 스타일링이 창의적으로 다양화되면서 헤어 크리에이티브 스타일 명칭으로 사용하고 있다.

우리나라에서도 월드 대회 및 국제 기능올림픽 대회가 많이 개최되었고 그에 따라 컨슈머 스타일도 비약적인 발전이 이루어졌다. 국제 및 전국대회에서 볼 수 있는 뛰어난 기술과 기능 그리고 예술성을 갖춘 헤어 크리에이티브 작품이 국내 전국대회나 지방대회의 꽃이라 불릴만큼 많은 미용전문가들의 관심이 집중되어 더욱 창의적인 스타일로 많이 선보이고 있다.

1980년대

1990년대

2000년대

뉴모드

시대별 헤어 크리에이티브 스타일

뉴모드 헤어 크리에이티브 스타일

3. 헤어 크리에이티브(컨슈머)의 디자인 개념

헤어 스타일은 우주의 천체축선들로 이루어지는 하나의 점이 선에서 선으로 면에서 면으로 확산되어지는 여러 가지 자연 생물의 형상으로 조화롭게 구성되었다. 이는 산이나 바위 틈새에서 자라고 있는 난초가 펼쳐져 있는 듯한 시각적인 느낌과 영감을 갖게 한다. 헤어 크리에이티브 스타일 역시 무한대로 창작할 수 있다.

헤어 크리에이티브 스타일 중 일부의 매쉬가 날리는 느낌

비대칭의 조화

볼륨과 아웃컬의 느낌

깃털처럼 가벼운 매쉬 느낌

펼쳐놓은 매쉬의 모양

톱을 강조한 분수의 느낌

자연생물의 다양한 모양

모양과 방향

디자인 실체에는 기하학적인 모양들의 지오메트릭 쉐입스(Geometric shapes) 직선 또는 곡선으로 닫히거나 연결된 C,S,J라인과 방향의 윤곽선이 있다.

모양과 방향의 특성(Shape & Direction characteristics)

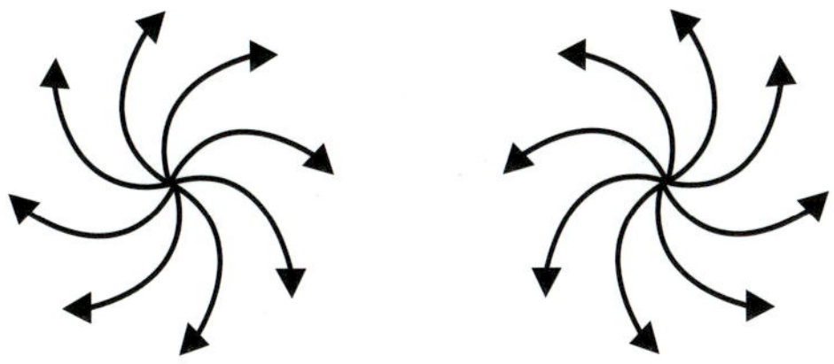

시계 방향 (Clockwise) 반시계 방향 (Counterclockwise)

원(Circle)

원주로 경계가 이루어진 닫힌 곡선 모양.
중앙의 시작점에서 시작되는 반지름이 균일하다.

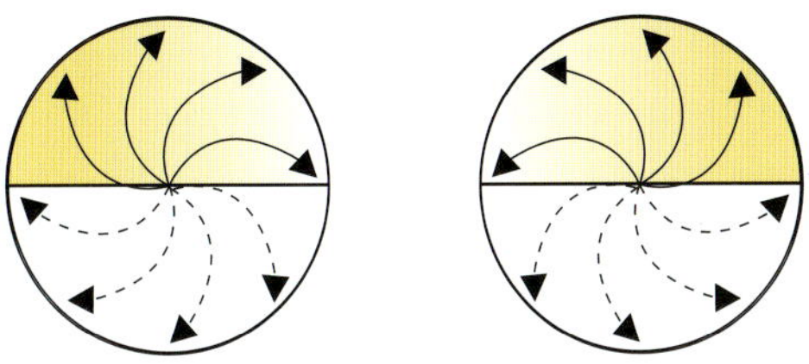

시계 방향 (Clockwise) 반시계 방향 (Counterclockwise)

타원(Oval)

원주로 경계가 이루어진 닫힌 곡선 모양으로 시작점에서 비롯되는 반지름이 균일하지 않다.

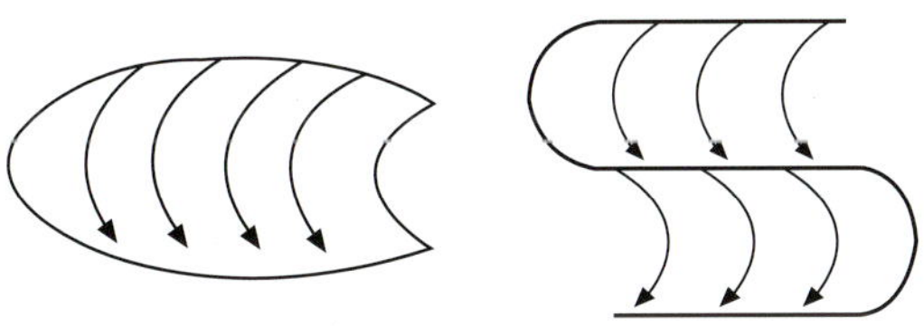

반시계 방향 (Counterclockwise) 교 대 (Alternating)

오블롱(Oblong)

평행한 곡선으로 이루어진 연장된 곡선 모양으로 시작점이 무수히 많은 컨벡스 및 컨케이브 모양으로 끝이 만들어졌다.

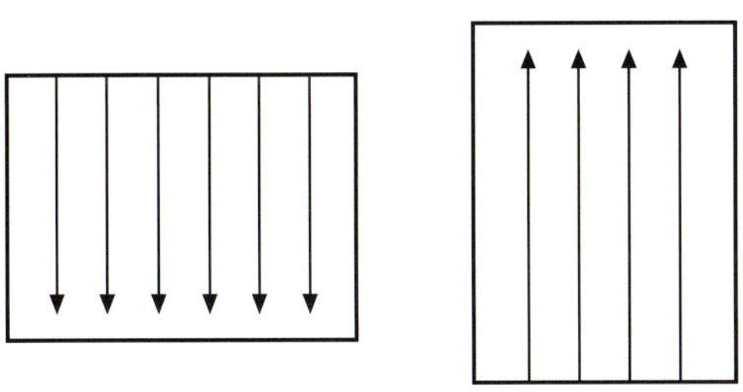

평행(Parallel) 평행(Parallel)

직사각형(Rectangle)

시작점이 무수히 많은 두 쌍의 평행한 선으로 이루어진 사각형

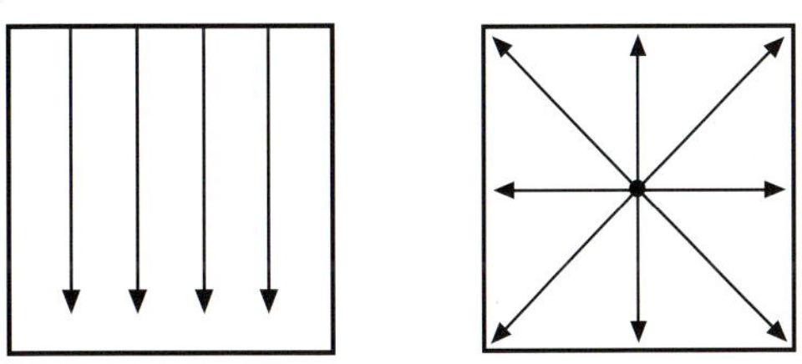

평행(Parallel) 방사형(Radial)

정사각형(Square)

4개의 직각과 두 쌍의 평행한 선으로 이루어진 사각형

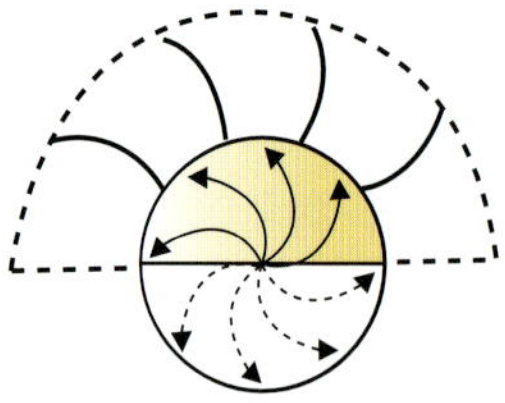	크기에 따른 확장원형
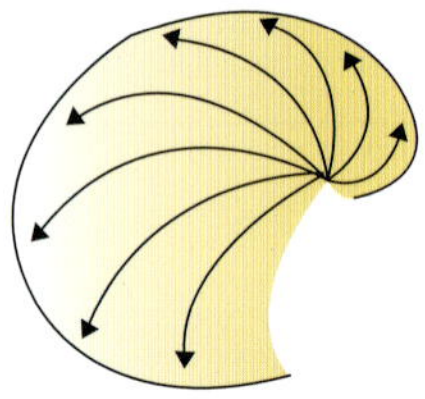	방향에 따른 확장 타원형
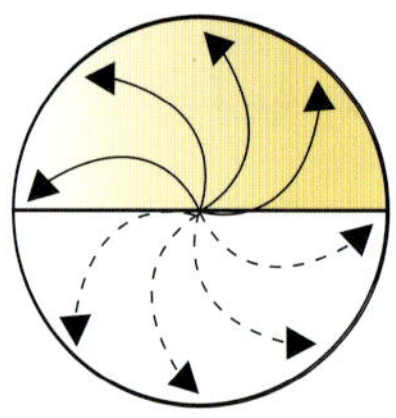	반시계방향 반원형 모양
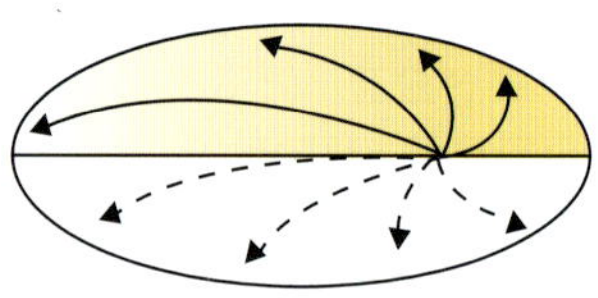	**반시계방향의 타원형** 짧고 빠른 쪽에서 길고 느린 쪽으로 진행
	**Square(스퀘어) 정사각형** 네 개의 직각과 두 쌍의 평행선으로 이루어진 기하학적 모양
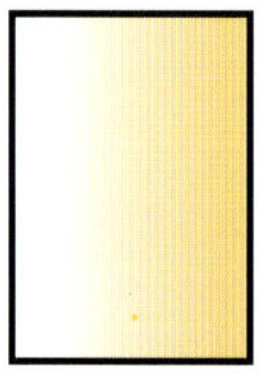	**Rectangle(렉탱글) 직사각형** 두 쌍의 평행선이 있고 4개의 변으로 이루어진 기하학적 모양
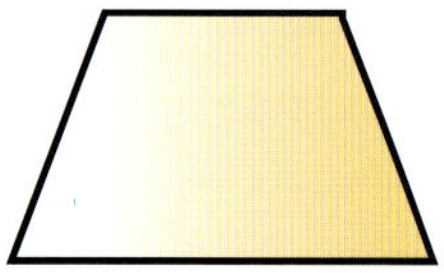	**Trapezoid(트래피조이드) 사다리형** 동일하지 않지만 평행하지 않은 두변과, 동일하지만 평행하지 않은 두변으로 이루어진 기하학적 모양

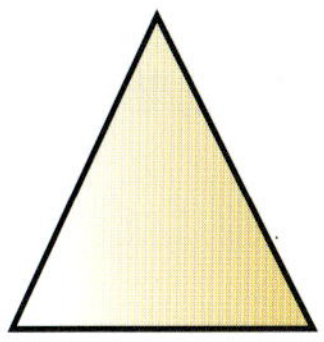	**Triangle(트라이앵글) 삼각형** 세변으로 이루어진 모양; 파이조각 모양임
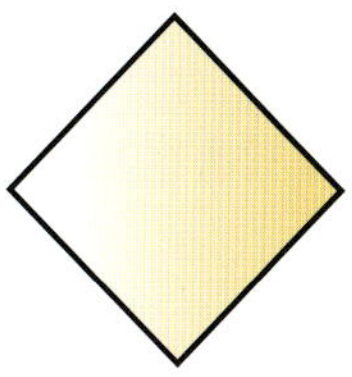	**Diamond(다이아몬드)** 두 개의 동일한 삼각형
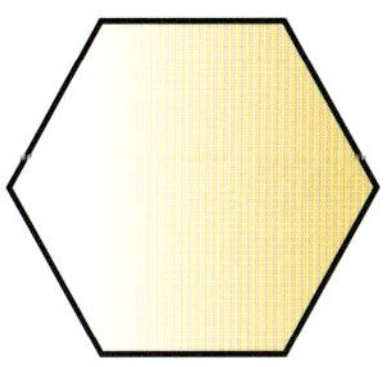	**Hexagon(헥사곤) 6각형** 6개의 변으로 이루어진 모양
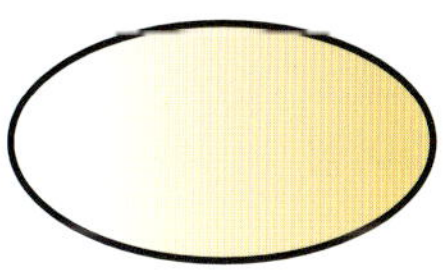	**Oblate(오블레이트) 편구형** 세로보다 가로가 더 넓은 타원
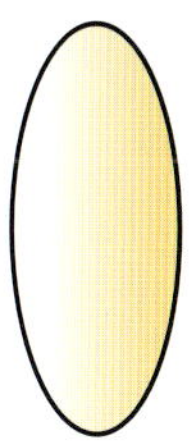	**Prolate(프롤레이트) 장구형** 세로가 가로보다 더 긴 타원
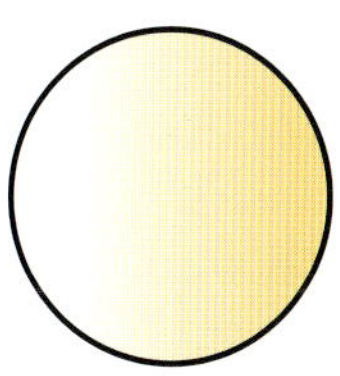	**Spheroid(스피어로이드) 구** 길이와 넓이가 비슷함
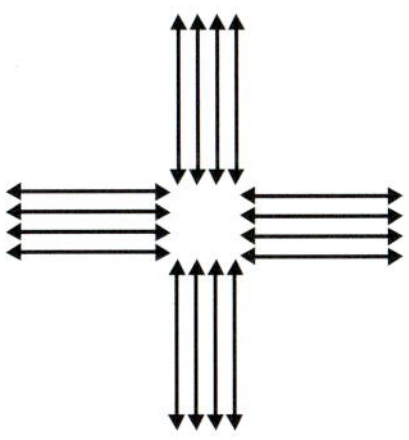	**Parallel Distribution(패러렐 디스트리뷰션) 평형 분배** 머리를 여러 시작점에서 분배하는 것

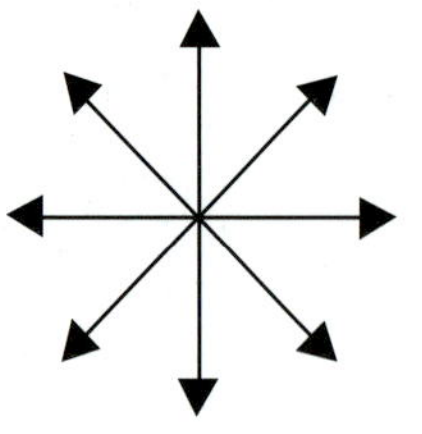	**Radial Distribution(레디얼 디스트리뷰션) 방사 분배** 머리를 한 시작점에서 분배하는 것
	**Blending(블렌딩) 연결** 하나의 힘이 앞으로 움직이고 다른 힘이 공통점이나 공통선으로부터 멀어짐
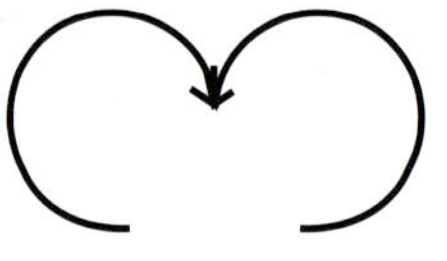	**Converging(컨버징) 모아주기** 두 힘이 공통점이나 공통선 쪽으로 가까워짐
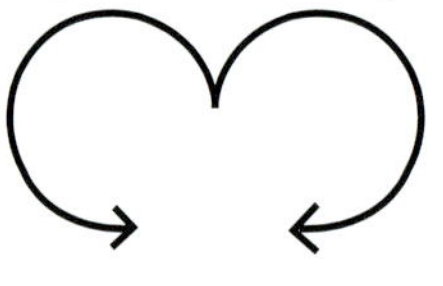	**Dividing(디바이딩) 나누기** 두 힘이 공통점이나 공통선에서부터 멀어짐

제 2 장
헤어 크리에이티브(컨슈머) 과정 이해

1. 도구 및 헤어제품의 종류

1) 도구의 종류

헤어 크리에이티브와 헤어바이나이트 스타일 제작을 위해서 능률적인 도구가 필요하다. 훌륭한 기술적 능력을 보유하고 있는 헤어 스타일리스트라 해도 작품을 제작하기 위한 도구가 적절하지 못하면 완벽한 디자인을 완성하기 어렵다. 여러 종류의 도구 사용에 익숙해지면 스타일리스트로서 무한한 가능성의 세계가 활짝 열릴 것이다.

(1) 커트 도구

헤어 스타일리스트들은 커트에 따른 기술적인 부분을 시도하기 위해 여러 가지 도구에 의존하게 된다. 실제 커트형을 만들어 내는 것은 도구 보다는 기법이라고 할 수 있다. 도구를 선택하는 것은 디자인 결정 과정을 통해 형태선과 머리질감에 많은 변형이 나올 수 있도록 해준다.

① 가 위

깨끗하고 뭉툭한 모서리를 만들고 질감 커트를 해도 한 올 한 올이 매끄러운 질감으로 커트된다.

② 테이퍼(틴닝) 가위

짧고 긴머리가 규칙적으로 교차되어 뚜렷하다. 가위날의 간격에 따라 모발의 양이 제거된다.

③ 레져

모발끝이 부드럽고 가늘게 커트되며, 커팅 기법에 따라 모발의 끝, 중간, 모근쪽 등에서 샤기한 질감 커트를 할 수 있다.

④ 커트 빗

커트되는 동안 머리를 분배하고 조절하기 위해서 머리숱과 길이에 따라서 넓은 빗살과 가는 빗살을 사용한다.

⑤ 분무기 & 핀셋

헤어 크리에이티브 커트 및 스타일링 과정 중 분무기는 충분한 수분을 주기 위한 도구이다.

핀셋 또한 작품 시술시 머리 다발을 고정시키는 역할을 한다.

(2) 드라이 도구

① 헤어 드라이어

헤어드라이어는 사용하기에 편리하도록 디자이너의 손에 익숙한 것을 선택하고, 다양한 디자인 방법에 적합하도록 가볍고 드라이 웨이브하기 적당한 것으로 선정한다.

② 롤 브러시

컨슈머, 헤어바이나이트용 롤 브러시는 보통의 돈모, 나일론 소재보다 베이스가 알루미늄으로 되어있는 큰 원통형 롤 브러시를 선택한다. 모발에 텐션과 늘어짐을 방지하고 매끄러움과 탄력 있는 드라이를 할 수 있도록 롤을 선정한다.

③ 빗

모류를 정리하거나 매쉬를 날리기 위한 방법으로 빗어 줄 때 사용한다. 빗살이 절반은 촘촘한 것과 절반은 사이가 넓게 되어있으며 유행스타일에 따라 헤어 크리에이티브와 헤어바이나이트 스타일에 적합한 빗을 선정한다.

④ 양면 브러시

전체적인 모류의 흐름을 잡아주고 모발 뿌리의 볼륨을 살리거나 밀착시킬 때 사용한다. 볼륨과 방향성을 나타내는 빗살은 길게 되어있으며 다른 한쪽의 짧은 빗살은 모발 뿌리를 밀착시킬 수 있다. 양쪽면 빗살의 길이가 각각 다른 양면으로 되어있는 브러시이다.

헤어 크리에이티브와 헤어바이나이트 스타일 디자인은 이상과 같이 복합적인 조건들을 갖추었을 때 접근할 수 있다. 스타일을 완성하려고 할 때 제작에 필요한 도구들이 준비되어 있지 않거나 사용 방법을 숙지하지 않았을 경우 디자인을 자유롭게 완성하기가 어렵게 된다. 이 모든 도구들이 디자인 과정을 지배할 수 있는 요인이 된다.

2) 헤어제품의 종류

디자인을 완성하기 위해서는 좋은 재료의 선택이 중요하다. 헤어 크리에이티브와 헤어바이나이트 스타일 진행과정의 특성에서 살펴보면 도구나 재료가 매우 중요한 조건들이다.

① 헤어 스프레이

a. 헤어 크리에이티브와 헤어바이나이트 스타일 제작과정에서 사용되는 스프레이는 디자인을 고정시킨다는 의미로는 같으나 사용상 가볍게 매쉬를 고정해야 한다. 입자가 가늘고 고운 스프레이를 분사했을 때 빗질이 가능해서 수정, 보완이 용이할 수 있도록 한다.

b. 고정 스프레이와 광택 샤이닝 스프레이 등이 있다.

② 무스

스타일링제 무스는 헤어 크리에이티브와 헤어바이나이트 스타일전 제작 과정에서 많이 쓰인다. 무스의 고정력은 제조 회사에 따라 제품의 차이가 있을 수 있으므로 사전에 사용해본 다음 제품을 선택한다.

③ 투페이스

투페이스는 주로 염색한 머리에 Spray 형태로 분사하여 염색상태를 더 오래 유지시켜 주고 염색으로 손상된 모발을 보호해 주는 화장품이다.

④ 트리트먼트 영양제

트리트먼트 영양제는 로션 형태의 농축 에센스로서 샴푸 후 가벼운 타월 드라이를 한 후에 머리에 고루 바르고 손상된 정도에 따라 3분~10분간 방치후 씻어내는 모발 보호용 제품이다.

⑤ 염모제

헤어 크리에이티브와 헤어바이나이트 스타일 진행 과정에서 쉽게 사용할 수 있는 제품으로서 스타일의 디자인을 행하기 전, 각종 염모제나 탈색제를 활용하여 디자인 연출에 미적 감각을 부각시키는 컬러링에 필요한 색상으로 선별하여 준비한다.

⑥ 메이크업 재료

헤어 크리에이티브와 헤어바이나이트 스타일에서 아름다움을 연출하고, 스타일을 더욱 효과적인 이미지로 나타내기 위해 여러 스타일 형태에 따라 메이크업 재료가 필요하다.

⑦ 액세서리 및 장신구

액세서리와 장신구는 유행 감각에 맞는 헤어 크리에이티브와 헤어바이나이트 스타일에 어울리고 우아한 것이어야 한다. 재료를 구입하여 분위기에 맞도록 직접 제작하여 사용해도 좋다.

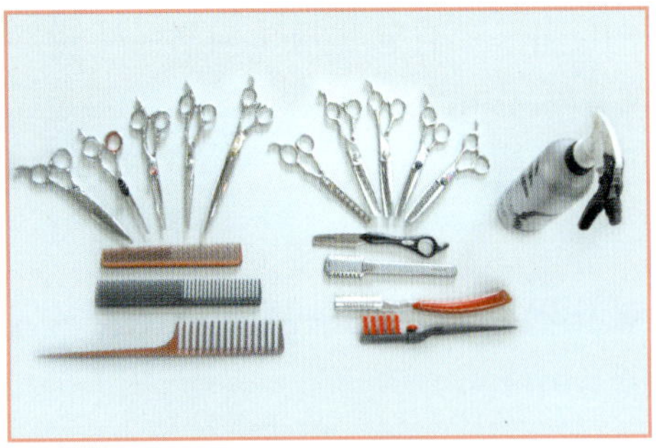
커트 도구

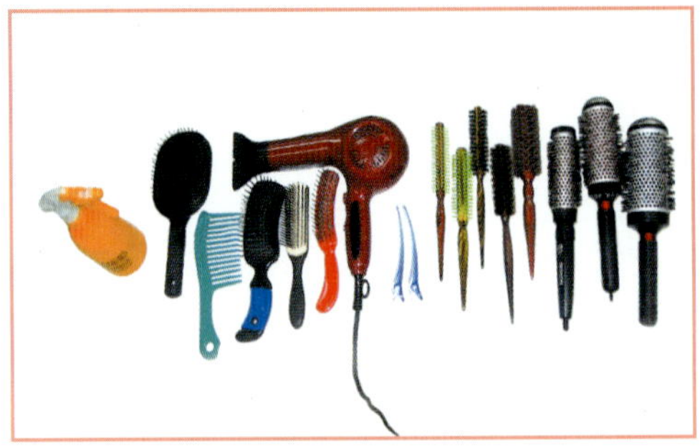
드라이 도구

브러시 종류

핀셋 종류

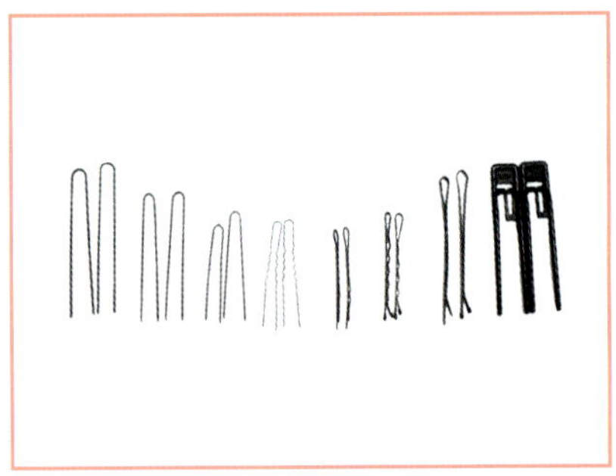
핀 종류

헤어 제품

컬러링 재료

메이크업 재료

헤어 크리에이티브에 필요한 도구 및 재료

3) 헤어 크리에이티브 모델 & 마네킹

헤어 크리에이티브와 헤어바이나이트 스타일의 작품효과를 최대화시키기 위해서는 모델의 조건이 충족되어야 한다.

① 모발조건 : 모발의 숱이 너무 적거나 너무 많아도 작품표현이 용이하지 않으며 힘이 없어 스타일이 잘 고정되지 않은 경우가 있다. 적당한 숱과 굵기의 모델을 선택한다.

② 신체조건 : 신장은 최소 165cm 이상이어야 하며 두상과 얼굴형은 계란형으로 작아야 적절하며 얼굴선과 목선의 형태를 관찰해야 한다.

③ 두상형태 : 사람에 따라서 헤어라인의 형태가 다르다. 목선의 조건이 좋지 않을 경우 크리에이티브(Creative)커트의 특유한 실루엣 연출이 어렵다. 백 부분이 도드라진 두상이 적격이나 약간 낮은 경우는 스타일에 있어서 기술적으로 볼륨을 주어 보완할 수 있다.

④ 모델표정 : 관중들 앞에서 작품을 돋보일 수 있도록 포즈를 취하고 미소로 무언의 메시지를 줄 수 있어야 한다. 또한 표정관리 능력이 있어야 함은 물론 토탈 의상연출로 메이크업의 밸런스를 유지하고 있어야 한다.

⑤ 마네킹조건 : 마네킹도 마찬가지로 모발의 밀도, 성장방향, 굵기 등을 잘 파악해야 하며, 헤어 크리에이티브 스타일 전용으로 생산된 마네킹을 사용, 의상(드레이핑) 메이크업의 토탈적인 밸런스를 맞춘다.

모델과 마네킹

제3장 헤어 크리에이티브(컨슈머) 스타일

1. 헤어 크리에이티브 과정 이해

1) 단계별 과정

커트전 모델

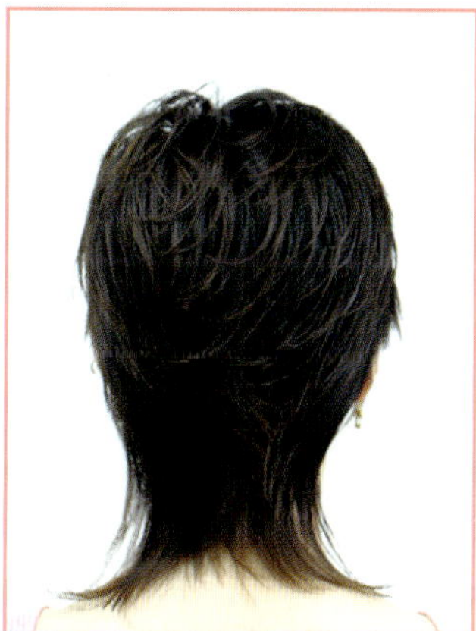
커트 완성

탈색 완성

컬러링 완성

드라이 과정

작품 완성

크리에이티브 과정별 사진 6단계

2) 헤어 크리에이티브(컨슈머) 커트(Hair creative cut)의 개념 이해

헤어스타일은 형태와 모양의 표현으로 모발의 균형 있는 선으로 정돈하는 작업에 의해 이루어진다. 전체적인 헤어스타일은 형(Form), 점(Point), 선(Line), 면(Plane)의 구성으로 이루어진다. 삼각형과 사각형으로 어우러진 혼합형은 머리흐름의 성장방식, 양감 등을 생각하고 슬라이스(Slice)의 폭을 나누어 커트한다. 또한 많은 예술 법칙에서 디자인을 1/3과 2/3 비율이 눈에 흥미로운 느낌과 안정된 느낌을 준다는 것을 알 수 있다. 헤어 크리에이티브 작품의 주제에 맞추어 반복, 교대, 대칭, 비대칭 등의 디자인 법칙을 응용 부분적으로 볼륨과 인덴테이션 또는 플러프한 효과를 최대한 발휘할 수 있도록 질감 커트한다. 네이프(Nape), 사이드(Side), 크라운(Crown), 톱(Top) 등에서 섹션, 파팅, 시술각을 어떻게 할 것인가를 먼저 구상한 다음, 커트가 진행되어야 크리에이티브 스타일에 적합한 커트가 완성될 수 있다.

(1) 황금비율

스타일 하기 위한 두상의 비율관계에서 1/3과 2/3의 비율을 사용함으로 지루하지 않는 흥미로운 느낌과 볼륨과 밀착을 형성하는 안정성 있는 작품의 균형미와 조화미를 부각시킨다.

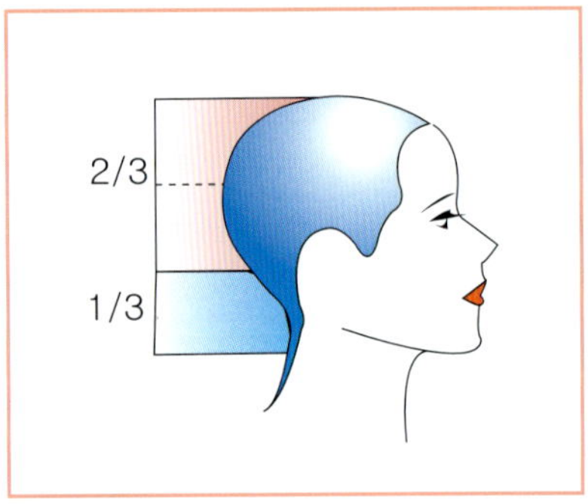

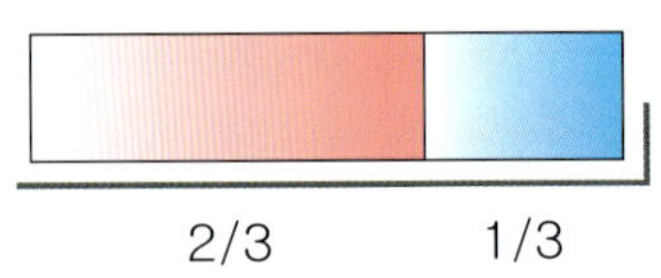

2/3과 1/3의 비율을 맞추어 주어 지루하지 않고 흥미로운 느낌, 안정된 느낌을 갖게 한다.

(2) 헤어 크리에이티브 커트

스타일은 톱에는 분수, 난 모양을 상상하게 하는 6~7cm 정도의 길이에서 프론트쪽으로 점점 길어지는 인크리스 레이어 형을 볼 수 있다. 백(Back)은 하트, 원, 둥근, 역삼각형의 모양들도 볼륨감을 나타낼 수 있는 그레쥬에이션(Graduation) 커트형이고 네이프는 유니폼, 인크리스 레이어형의 질감(Texture) 커트 기법으로 밀착된 윤곽을 볼 수 있다.

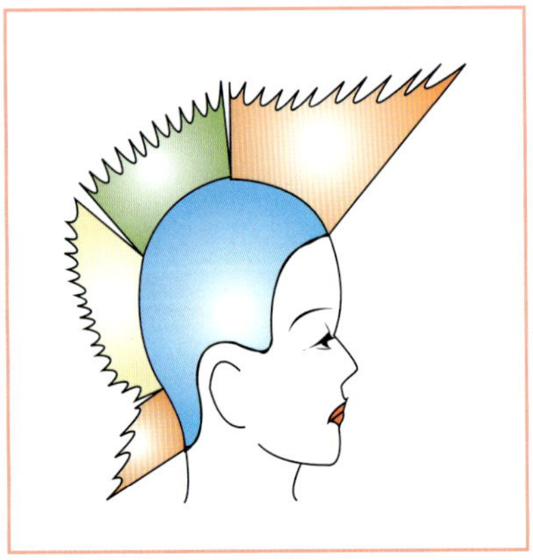

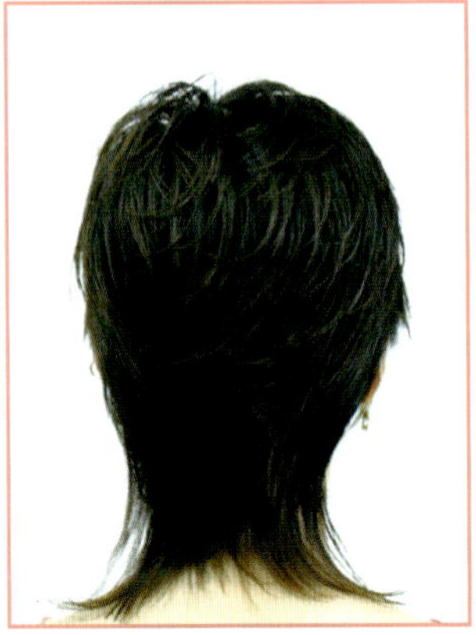

커트의 구조그래픽(Combination Structure) 및 완성된 스타일

3) 레져 커트(Lazor Cut)

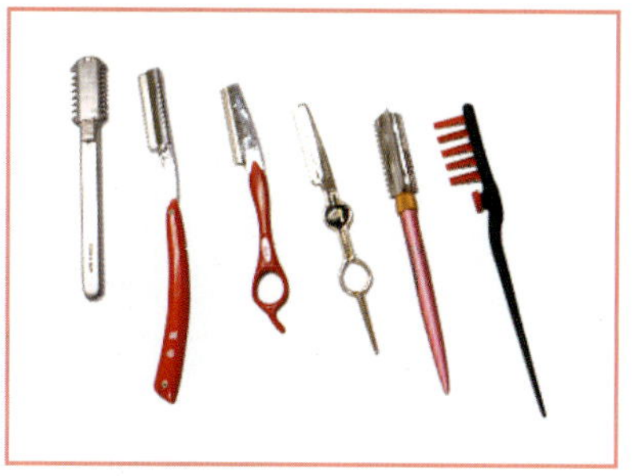

여러 종류의 레져

동양인의 모발은 대부분 모질이 두껍고 직모이다. 헤어스타일의 딱딱한 감을 커버하기 위해 레져커트 기법을 사용한다. 샤기한 질감으로 부드럽고 자연스러운 모발의 흐름을 얻을 수 있는 중요한 질감 표현을 커트할 수 있는 도구이다.

(1) 레져 커트의 특징

① 100% 젖은(Wet) 모발(Hair)에 시술하는 것이 필수이다. 따라서 모발의 길이, 머리숱과 흐름에 대한 상태 파악 등 섬세한 분석이 필요하다.
② 모발을 테이퍼링 함에 따라 모발 겹침에 변화가 생겨 부드럽고 가벼운 질감이 된다.
③ 가벼운 움직임과 샤기한 질감 커트의 흐름을 낼 수 있다.
④ 디자인상 불필요한 모발량을 제거한다.
⑤ 커트에 능률적이다.

(2) 주의점

과도하게 자르는 위험성이 있으며 수분이 너무 없거나 모발을 잡아 당기면 표피가 손상되기 쉽다. 레져의 사용 각도에 따라서 질감과 길이의 차이가 있으며 초보자에게는 기술적으로 난이하므로 레져 커트에 대한 베이직과 테크닉을 익숙하게 연습한 후 안정감있는 커트를 진행해야 한다.

(3) 레져 잡는 방법

① 내츄럴 핸드

레져의 기능을 살려 엄지와 검지손가락으로 움직임을 주며 가장 자연스럽게 잡는 방법으로 현재 많이 사용하는 레저 커트 기법이다.

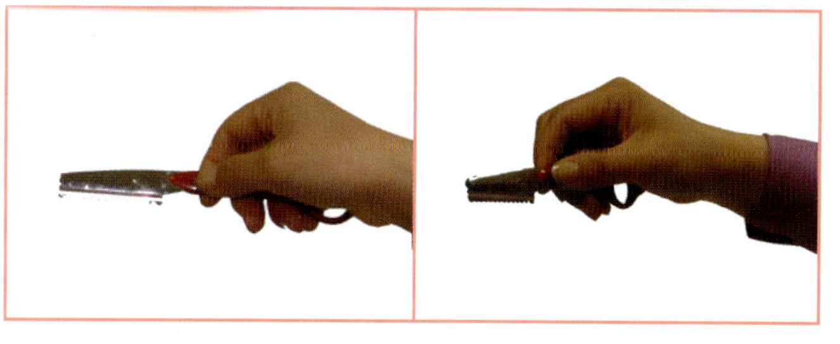

② 스틱 핸드

레져의 등위로 검지손을 얹어 안전커버가 있는 레져의 기능을 살려 스틱잡듯이 자연스럽게 잡을 수 있다. 질감내기할 때 주로 사용된다.

③ 펜슬 핸드

글자 그대로 연필을 잡을 때와 같은 방법으로 잡는다. 모발 끝에서 약간의 움직임이나 표정을 만들 때 질감내기에 사용하는 기법이다.

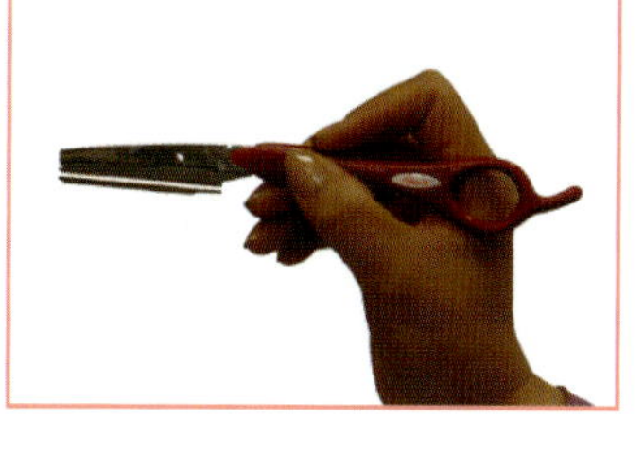

(4) 모발 패널에 대한 레져의 각도

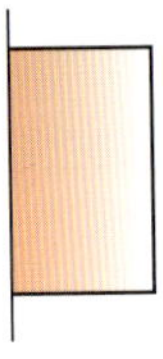
레져 90° : 가볍고 샤기한 질감을 나타내며 큐티클 부분이 제거되므로 손상에 주의한다.

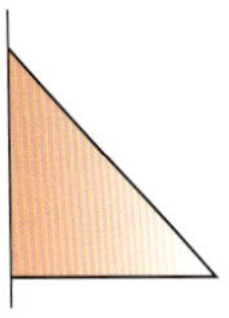
레져 45°: 약간의 경사선으로 커트되며 질감커트, 커트길이 및 가이드 결정, 일반적인 레져커트에 다양하게 사용된다.

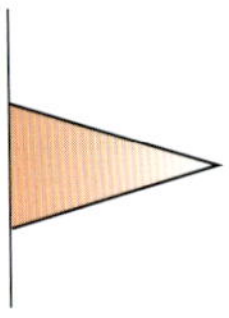
레져 15° : 테이퍼링, 질감 내기, 샤기한 커트에 주로 사용된다.

※ 레져날의 각도 65~70° 정도는 레져에 의한 블런트 커트에 사용된다.

(5) 질감내기(Texture)

① 테이퍼링

형태선 테이퍼링과 확장 테이퍼링, 윤곽 테이퍼링 기법으로 숱을 감소시키며 공기감과 볼륨을 주고 무게감은 줄이고 샤기한 생동감을 주는 질감내기 기법이다.

전체적으로 머리 길이는 다르나 드라이로 인하여 표면이 매끄러운 질감으로 테이퍼링 한다. 모발의 끝 부분을 깃털처럼 가벼운 질감으로 몰딩이 잘되어 흐트러지지 않고 매끈하게 스타일링 하기에 적합하다.

테이퍼링이 잘되면 머릿결의 흐름을 하나하나 살릴 수 있고 스타일링 하는데 있어서 모발 끝 부분이 겹쳐지지 않는다.

a. 형태선 테이퍼링 : 포인팅, 나칭 기법 등으로 모발 끝부분을 가볍게 나타낼 수 있다.
b. 확장 테이퍼링 : 틴닝, 테이퍼 가위를 사용하여 모발 길이의 2/3, 1/2, 1/3 모발의 끝 부분들에 테이퍼링하여 확장감을 나타낸다.
c. 윤곽 테이퍼링 : 빗과 레져 회전기법으로 부피감을 줄이고 밀착감을 나타낼 때 사용한다.

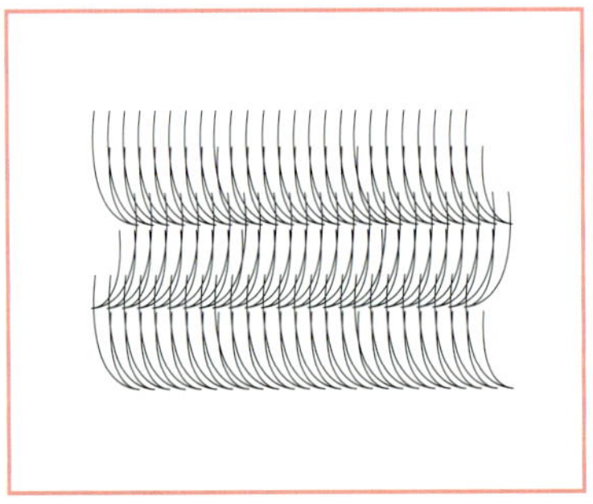

모발 끝부분의 질감

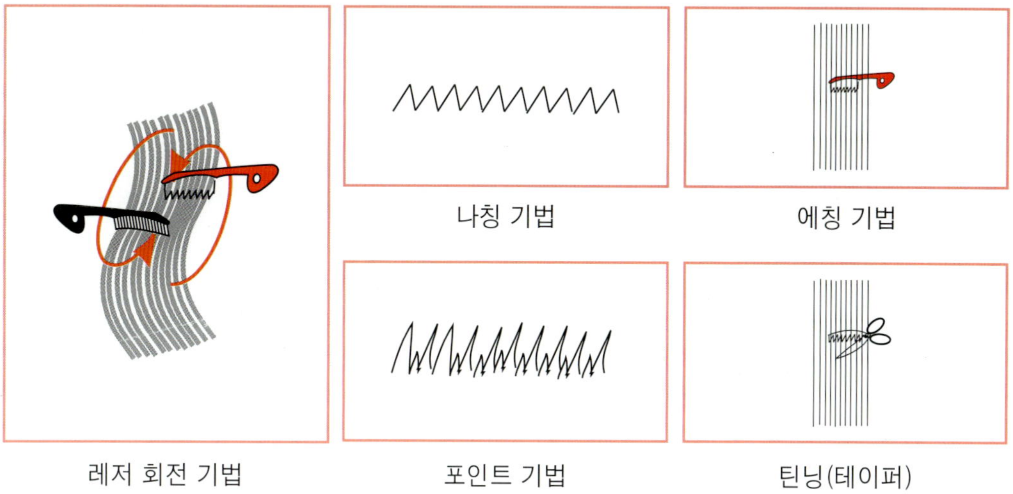

크리에이티브 스타일 질감내기

(6) 레져(Lazer) 테크닉

모발의 판넬 위에서 커트선의 무게를 줄이고 레져의 표면을 상하로 움직이며 위치에 따른 각도에 준하여 매끄러운 질감을 나타낸다.

① 에칭(Etching)

a. 모발 가닥의 윗부분에서 길이를 제거해 부드러운 모발 끝 질감을 만드는 레져 커트 방법

b. 에칭 스트록 길이가 모발 끝 질감의 정도를 결정한다.

② 오버콤(Overcomb)

a. 빗과 커트 도구를 동시에 사용하는 기법

b. 빗으로 모발을 컨트롤하고 커트 도구로는 빗 바깥으로 나온 모발을 제거하는 기법

③ 아킹(Arching)

호를 그리는 동작으로 길이를 제거하는 레져 커트 기법

④ 채널 커팅(Channel Cutting)

헤어스타일 내에서 짧은 길이를 만들어 모양을 감소시키고 공기감을 만드는 기법

⑤ 필링(Peeling)

a. 부드럽고 불규칙적인 모발 끝 질감을 만드는 테크닉

b. 모발을 레져의 날과 엄지 사이에 잡고 빠르게 모발을 커트한다.

⑥ 레져 로테이션(Lazer Rotation)

a. 레져와 콤을 사용하는 기법

b. 운동감과 질감을 주기 위해서 혹은 무게감을 덜기 위해서 사용한다.

4) 크리에이티브 컬러링(Coloring)의 개념 이해

(1) 크리에이티브 컬러

크리에이티브 컬러는 작품의 주제에 의해서 결정되어 시대적 변화와 유행에 따라, 피부색과 관계없이 이루어진다. 블리치를 먼저 하되 블리치 명도 1~12까지 그라데이션(Gradation) 톤으로 연결하고 컬러의 농도, 대조, 진행, 효과, 조화, 크기 등을 고려해서 색상의 조화를 연결한다. 헤어 끝부분을 매쉬하게 되면 주제의 의도와는 달리 명암의 깊이와 매쉬 라인의 정확도가 떨어진다. 2~3회 정도 스타일에 따른 위치와 방향, 볼륨, 비율 등을 충분히 디자인한 후 정확한 위치에 알맞은 비율의 매쉬 작업을 하는 것이 중요하다. 매쉬 작업을 할 때 모발의 멜라닌 색소량에 따라 산화제(H_2O_2) 볼륨을 선별하여 사용하는 것이 모발 손상을 낮추고 원하는 명암을 선명하게 나타낼 수 있다.

색상은 주로 산성컬러를 사용한다. 주로 모근쪽 베이스의 모발을 어둡게 하고 모발 끝쪽으로 갈수록 밝게 하여 깃털이나 붓끝 모양처럼 가벼운 스타일의 입체적인 느낌을 표현한다. 패널 굵기의 색상들끼리 경계선이 생기지 않도록 한다. 베이스 색상은 주제의 가장 기본이 되는 색상을 말하며 두피로부터 시작되는 색상이다. 또한 명암의 차이점을 표현하는 색상을 다양한 컬러 색상으로 하여 창의력을 발휘해 어두운색, 중간색, 밝은색의 조화를 이루면 된다.

한편 요즘 급격히 색상의 중요성이 강조되고 있는데 창의적인 아이디어와 예술적인 발전을 위한 다양한 시도로 높이 평가받고 있는 추세이다. 시대에 따른 유행 색상 또는 유행을 선도하는 색상을 주제와 조화로운 수준에서 창조하는 것도 매우 중요하다.

베이스 색상이 완성되면 모발 끝부분을 하이라이트 색으로 4~5cm 남겨두고 모근에서 중간 깊이까지는 산성칼라 또는 헤어 매니큐어 등으로 명암 처리를 반드시 해야 한다.

(2) 컬러링에 필요한 도구

탈색제(가루 블리치제, 산화제), 호일, 염색 볼, 붓, 핀셋, 핀컬핀, 열기구와 산성컬러 제품 - 어두운 갈색, 검정, 밝은 갈색, 레드, 오렌지, 옐로우 오렌지, 바이올렛, 그린, 블루, 옐로우, 투명(클리어), 샴푸, 린스, 트리트먼트제, 타올 3~4장, 장갑 등이 있다.

탈색 재료

컬러링 재료

(3) 블리치(Bleach)

크리에이티브 스타일의 블리치 과정은 매우 중요하고 섬세한 작업이다. 2~3회 정도 컨셉에 맞는 위치와 방향 볼륨 등을 충분히 디자인 한 후 위치에 알맞은 비율의 매쉬 작업을 하는 것이 중요하다. 모델 머리카락의 멜라닌 색소 함량에 따라 블리치제를 사용하여 모발의 손상도를 낮추고 원하는 컬러의 명암을 선명하게 살릴 수 있어야 한다.

(4) 모발 길이에 따른 컬러링 위치

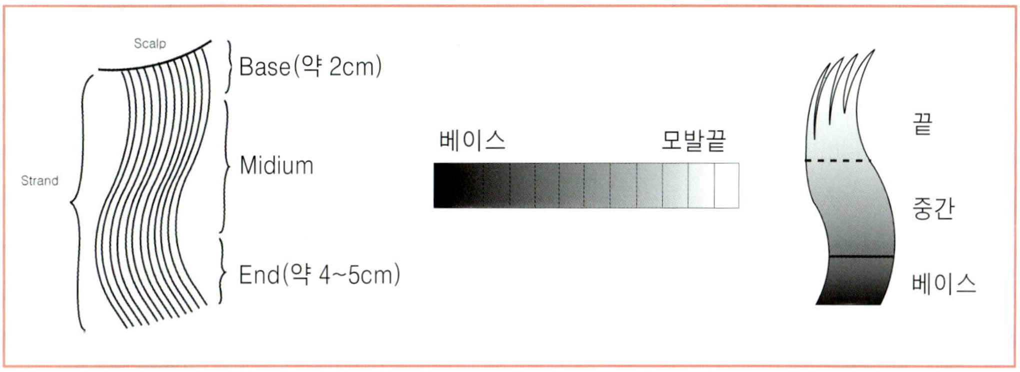

(5) 탈색 섹션위치 나누기

① 전두부~톱 : 프린지 헤어 라인에서 센터를 중심으로 양쪽 3~4cm 직사각형으로 섹션을 나눈나.

② 톱 ~ 백 : 톱부분 섹션과 연결하여 백부분까지 삼각형 섹션으로 나눈다.

③ 파팅 나누기 : 각각 1~2cm 정도 수평 파팅으로 모발 끝부분이 위로 향하도록 클립 등으로 나누어 놓는다.

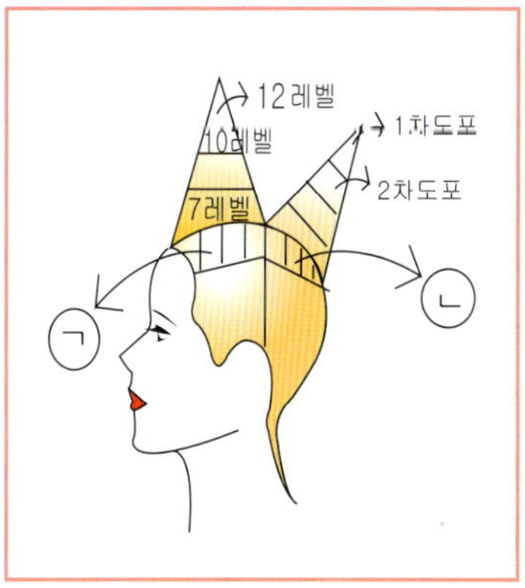

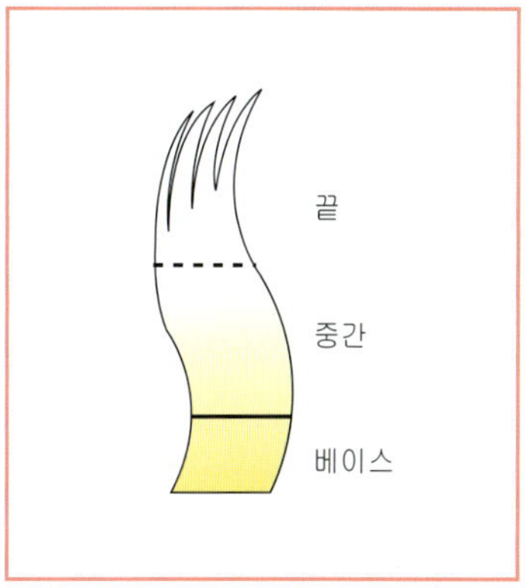

(6) 명도 레벨

① 패널 위치 명암에 따라서 블리치제 양을 조절, 도포하고, 재도포함으로 모발 끝으로 갈수록 점점 밝게 블리치한다.

② 블리치가 완성된 부분에 클리닉 시술로 모발 손상을 최대한 방지한다.

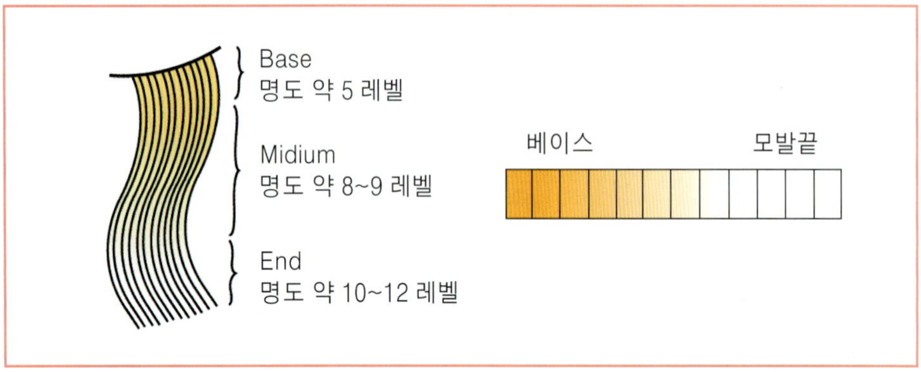

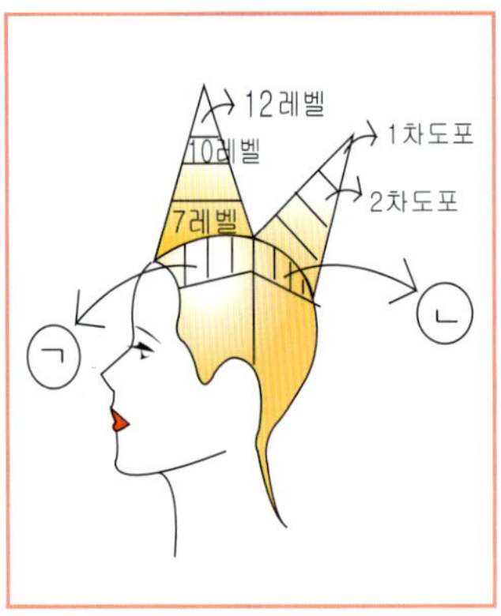

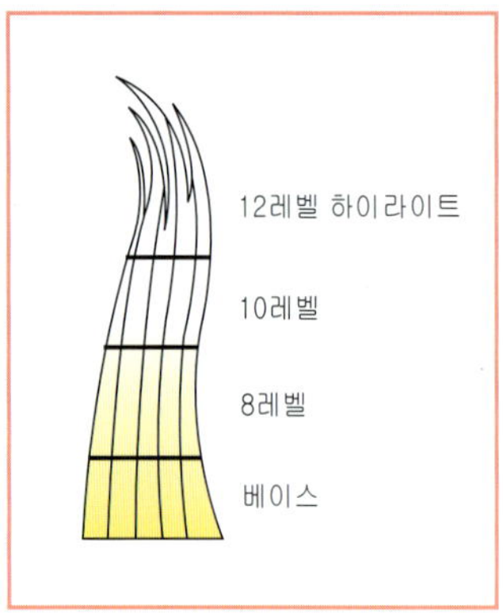

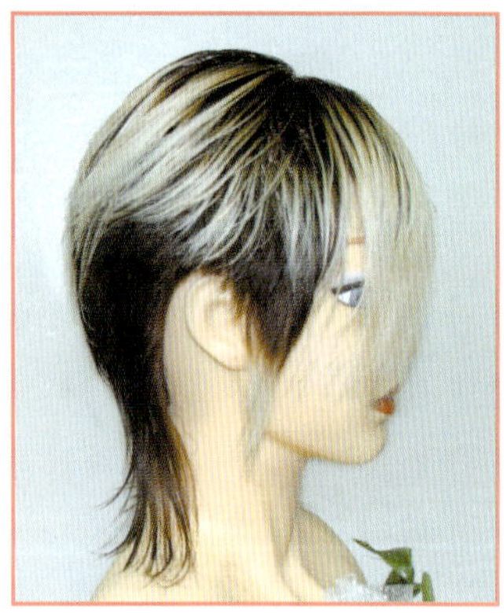

(7) 컬러 색상 도포 하기

오렌지계열, 바이올렛, 그린 계열 색상의 그라데이션 컬러 기법으로 다양한 컬러의 연출이 용이하게 한다.

① 블리치 된 부분을 제외한 모발 베이스에 다크 색상을 도포한다.

② 수평으로 1.5cm 간격의 섹션으로 미디움 색상, 하이라이트 순으로 컬러 색상을 경계선이 생기지 않도록 그라데이션 기법으로 도포 한다.

③ 약액 도포한 곳을 제외한 나머지 모발의 끝 하이라이트 부분에 컬러 색상이 스며들지 않도록 매트한 유분크림(예 : 니베아 크림)을 많이 도포하고 호일을 분리해서 감아 놓는다.

④ 반복된 연습을 하기 위해서 컬러 색상의 깊이감을 준다. 오래 유지하기 위해서는 컬러제품 도포 후에 열처리와 함께 최대한의 시간을 방치할 수도 있다.

⑤ 컬러링이 완성된 모발을 샴푸할 때에는 어두운 컬러부분부터 헹구되 하이라이트 부분으로 컬러색상이 스며들지 않도록 세심한 주의를 한다.

a. 오렌지 계열 컬러링

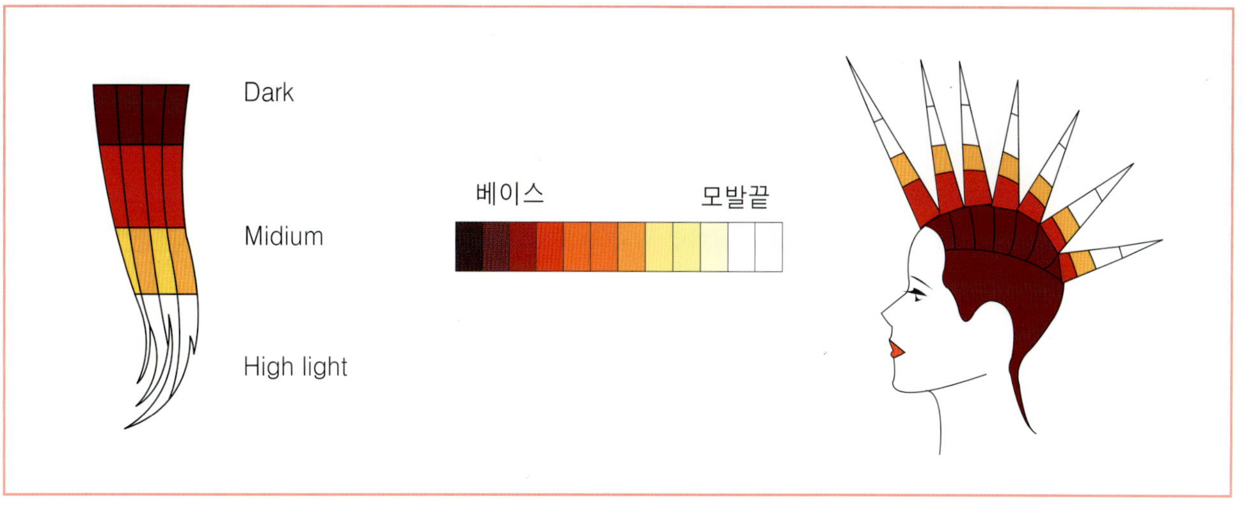

b. 바이올렛 계열 컬러링

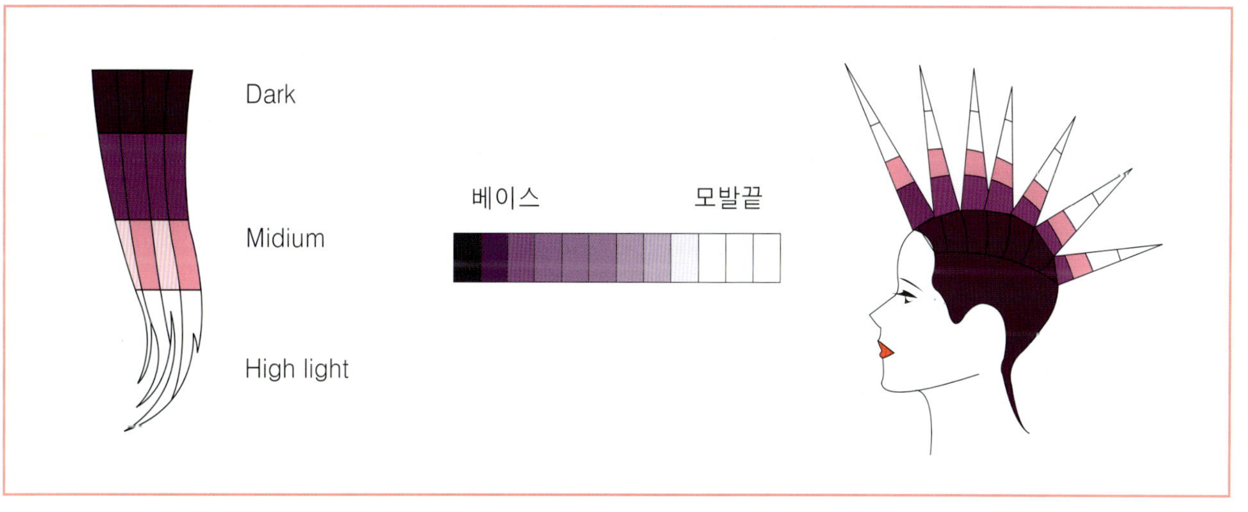

c. 그린 계열 컬러링

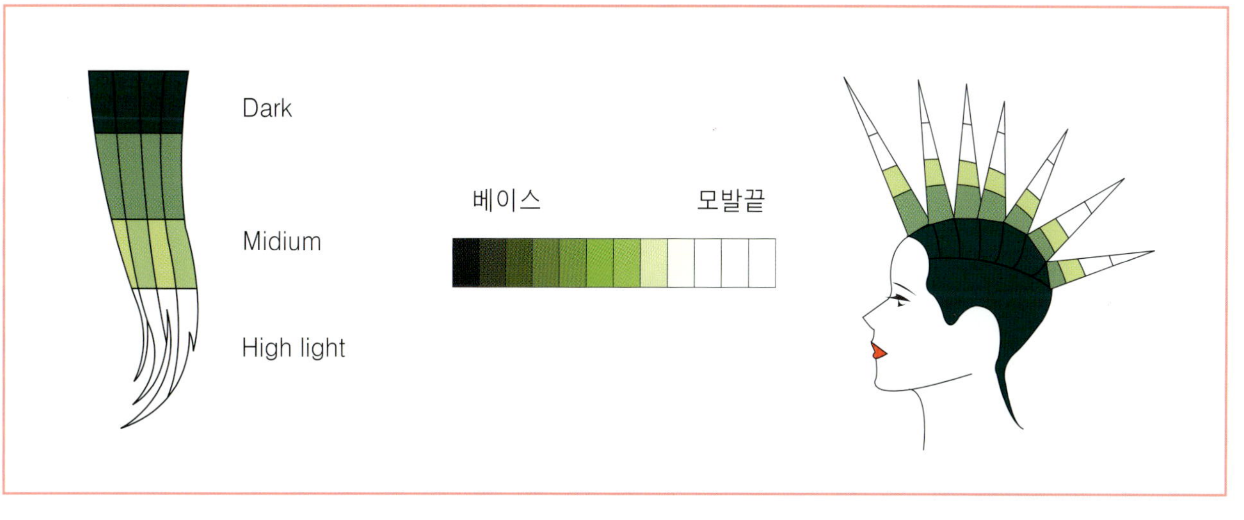

5) 브로우 드라이 기법의 이해

(1) 브로우 드라이 기법의 정의

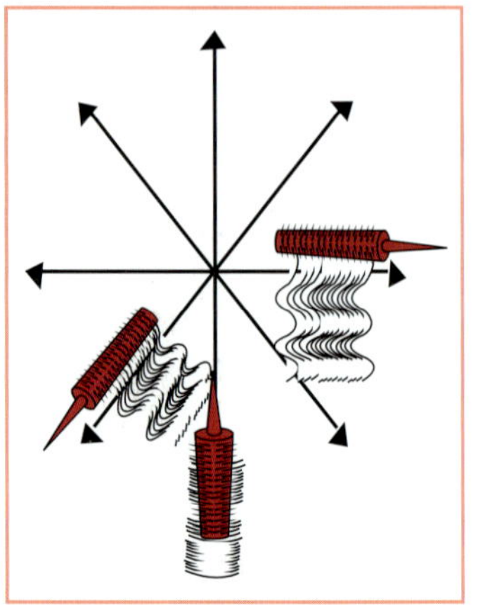

브로우 드라이어란 머리카락에 자연 바람이 아닌 인위적인 열풍을 사용하여 원하는 헤어스타일을 만들어 내는 테크닉을 말한다.

① 원하는 방향으로 머리카락을 구부러지게 할 수 있다.
② 원하는 방향으로 머리카락을 펼 수 있다.
③ 원하는 방향으로 머리카락을 롤 브러시에 말아 웨이브를 강하고 약하게 또는 크고 작게 만들 수 있다.
④ 머리카락에 윤기를 내고 깔끔하고 정돈된 부드러운 선의 흐름을 만들 수 있다.

(2) 드라이의 목적

얼굴형과 두상의 단점을 보완하면서 일시적인 볼륨과 웨이브를 주어 원하는 스타일을 짧은 시간에 완성하고 미적으로 더욱 아름답게 표현하는데 목적이 있다.

(3) 롤 브러시의 선택과 사용법

① 원하는 헤어 스타일에 맞춰 브러시를 선택한다.
② 모발 상태에 따라 돈모, 나일론 가시롤, 알루미늄 롤을 선택하여 사용할 수 있다.
③ 롤 브러시로 강한 웨이브를 만들 때는 직경이 작은 롤을 사용하고, 크고 자연스런 웨이브를 만들 때는 직경이 큰 롤을 사용한다.
④ 헤어 크리 에이티브, 헤어바이 나이트 스타일링을 위한 드라이 과정은 양면 브러시와 열전도율이 높고, 텐션을 방지하는 알루미늄 브러시 크기를 선택하여 사용한다.

(4) 핸드 드라이어의 각도

① 핸드 드라이어의 각도는 두피에서의 각도와 롤 면에서의 각도로 구분되는데 볼륨을 줘야할 곳에서는 두피에서 모발의 각도를 90~120° 이상 롤에 세워 감고, 드라이바람 방향이 모근, 뿌리 쪽으로 향하되 두피가 뜨겁지 않도록 충분한 연습을 해야 한다.

② 롤에 대한 각도는 디자이너가 원하는 웨이브에 맞춰 바람을 주게 되는데 드라이어 각도를 90~140° 정도로 사용할 경우 머리끝을 안정시키고 웨이브나 볼륨을 나타낸다. 롤을 두 바퀴 이상 감은 후 바람을 상하 360°로 사용했을 때는 하나의 웨이브가 형성된다.

(5) 드라이의 사용상 주의점

① 드라이 시술을 할 때는 머리카락과 드라이어 사이에서 바람이 빠져 나올 수 있는 1cm의 공간을 두고 드라이어가 머리끝까지 따라 다녀야 한다.
② 핸드 드라이어의 바람이 나오는 출구를 고객의 얼굴이나 목, 두피 등으로 향하지 않도록 한다.
③ 핸드 드라이어의 전선이 고객의 어깨나 얼굴에 닿지 않도록 주의해야 한다.
④ 핸드 드라이어의 출구로 롤이 감겨진 머리를 막지 않도록 한다(머리카락이 상하거나 드라이어 속으로 머리카락이 말려 들어갈 수 있고, 모터 고장의 원인이 될 수도 있다).

(6) 드라이 기법의 기초 지식

① 두피면과 스트랜드에 감는 롤 브러시의 각도를 이해한다.
② 스트랜드에 감겨진 롤 브러시와 드라이 바람의 방향, 각도를 이해한다.
③ 두상의 골격구조를 파악하고 볼륨위치와 밀착될 위치를 정확히 파악한다.
④ 머리 길이에 따라 롤 크기의 선택과 방향성(무브먼트), 웨이브를 이해한다.
⑤ 머리결 상태에 따른 습도(물기) 분무 정도를 파악한다.

(7) 브로우 드라이의 종류

① 직선(Straight) 스타일
② 안말음(In roll)
③ 바깥말음(Out roll)
④ S-웨이브(S-Wave)
⑤ 롤 웨이브(Roll wave)
⑥ 바람머리 스타일

(8) Over dry의 원인

Blow dry를 할때 열이 모발에 머무는 시간이 지나칠 경우에는 수분량이 과도하게 소비되므로 윤기를 잃기 쉽다. 특히 모선의 끝 부분인 모간 부위와, 손상이 많은 부분인 모발의 표면과, face line 부분인 전두부 및 측두부 부분에서 생기는 현상이다.

Over dry를 방지하기 위해서는 모발 두께가 가장 두꺼운 부분인 nape에서 시작하여 건조되기 쉬운 부분을 나중에 blow drying 한다.

(9) 브러시와 컬의 크기

둥근 브러시의 크기와 롤의 회전 횟수의 결과로 나타나는 패턴 사이의 관계를 이해하는 것이 중요하다. 브러시의 크기와 모발을 돌려 회전시키는 수는 결과적으로 나타나는 컬의 모양과 탄력성, 윤기를 결정한다. 브러시의 크기를 머리 길이와 원하는 컬 패턴에 맞게 선택한다.

① 질감의 특성(Texture Character)

질감의 특성은 사용하는 미용기구의 모양과 크기, 위치에 따라 달라진다.

② 질감의 속도(Texture Speed)

질감 패턴의 깊이나 속도는 그 디자인을 만들어내기 위해 사용하는 미용기구의 지름에 따라 결정된다. 예를 들어 아래의 곡선형을 만들어내는 기구들을 보면, 지름이 큰 기구들은 느슨한 웨이브를 만들고, 지름이 작은 기구들은 탄탄하고 작은 컬을 만들어 낸다.

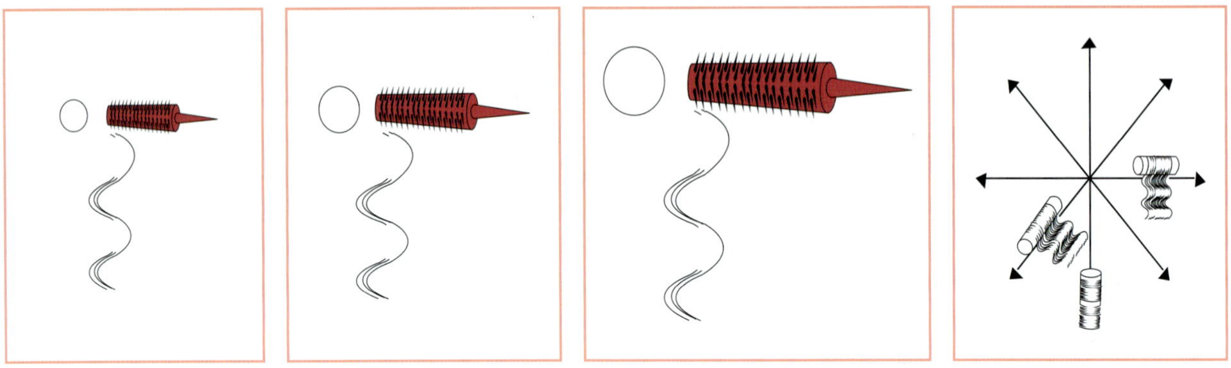

(10) 베이스 콘트롤(Base control)

사용되는 브러시의 크기가 거의 같은 베이스를 구별, 선택하고 원하는 부피감을 줄 수 있는 적합한 각도로 머리를 들어줄 수 있어야 한다.

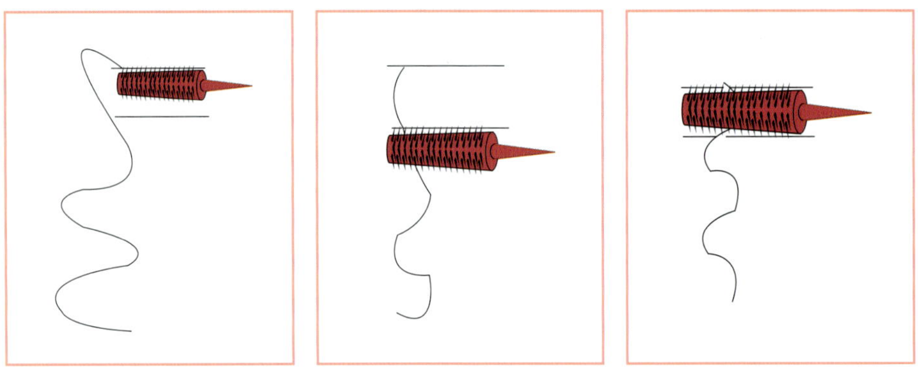

오버디렉티드(Overdirected)　　오프 베이스(Off base)　　온 베이스(On base)

(11) 베이스 위치 - 볼륨(Base position - volume)

베이스에 따른 기구의 위치는 베이스 강도의 양 뿐만 아니라 만들어진 볼륨이나 머리 들림에 영향을 준다.

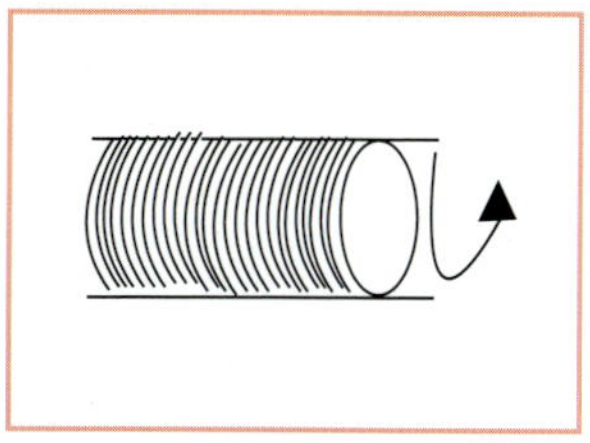

온 베이스(On base)
최대한의 볼륨, 베이스의 강도 최대

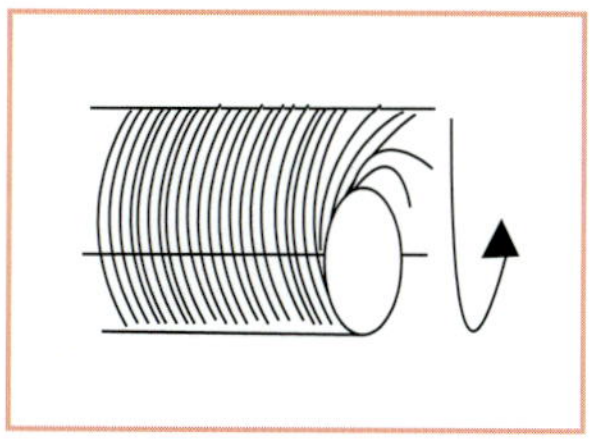

하프 오프(Half off)
약한 볼륨, 베이스의 강도 줄어듦

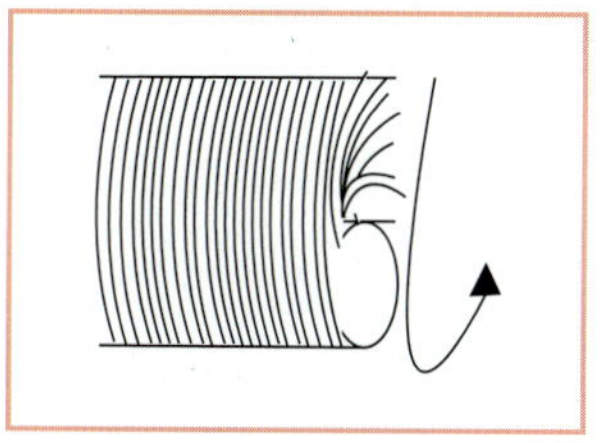

오프 베이스(Off base)
최소한의 볼륨, 베이스 강도 최소

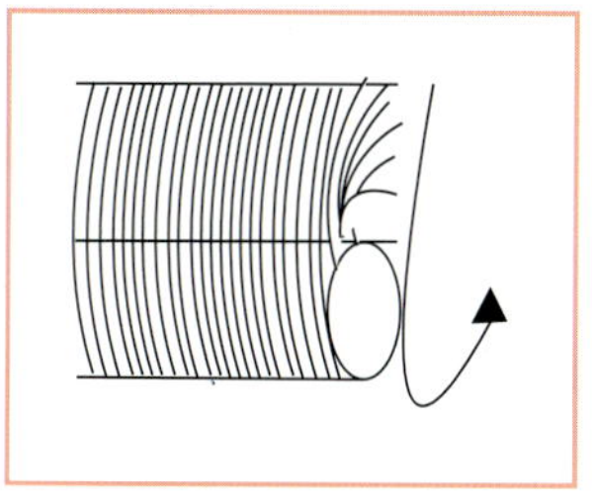

언더디렉티드(Underdirected)
볼륨과 베이스 강도가 축소

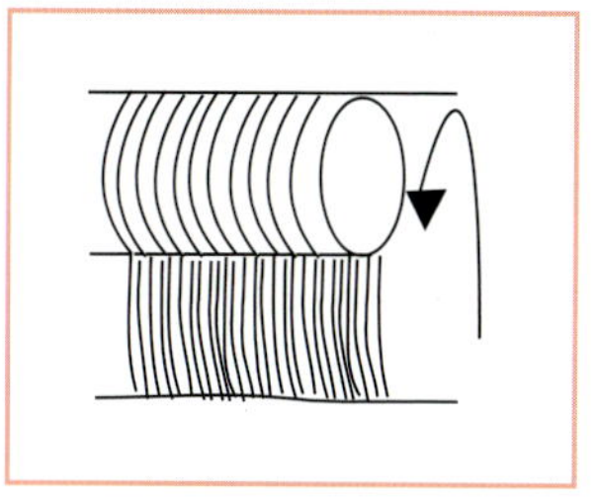

오버디렉티드(Overdirected)
방향, 볼륨이 과장되고 베이스 강도가 축소

(12) 베이스 위치 - 인덴테이션(Base position - indentation)

인덴테이션이 되면 기구의 위치와 크기는 만들어 놓은 빈 공간과 관련한 정도에 영향을 준다. 기구의 위치 또한 베이스의 강도와 컬의 유동성에 영향을 미친다.

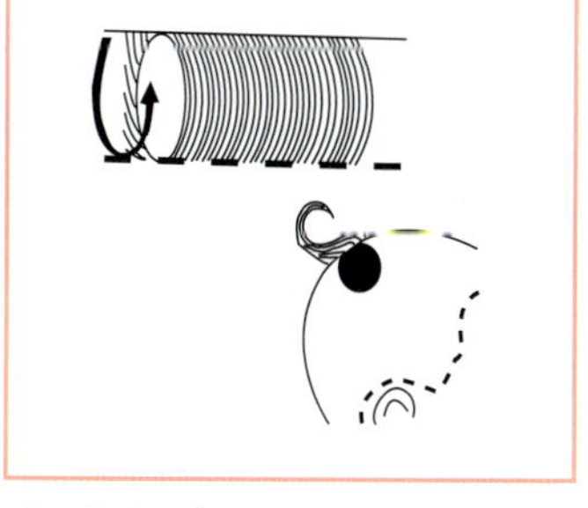

온 베이스(On base)
베이스 강도와 볼륨 효과의 극대화

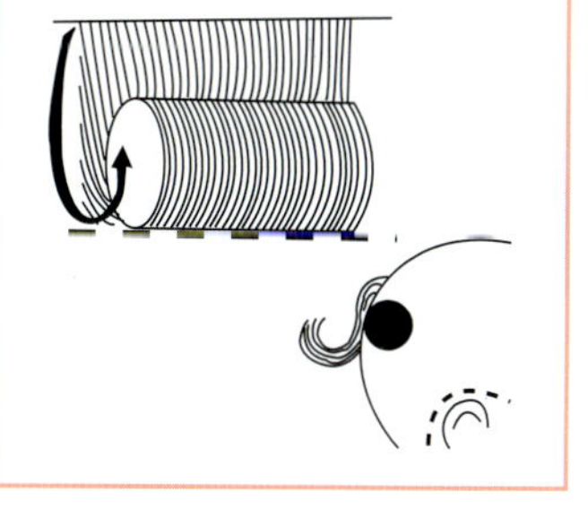

언더디렉티드(Underdirected)
중간의 베이스 강도,
컬의 나풀거림이 강함

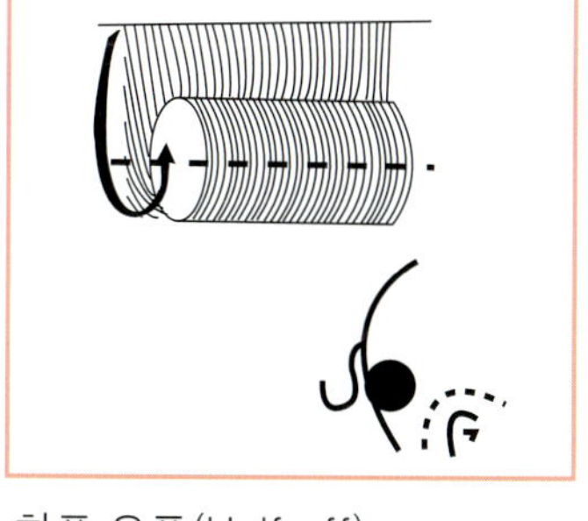

하프 오프(Half off)
중간의 베이스 강도 컬에 좀더 유동성이 가해짐

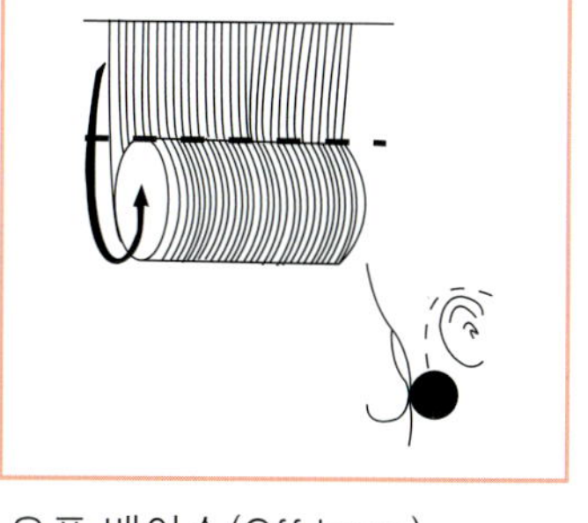

오프 베이스(Off base)
최소한의 베이스 강도, 최대한의 컬 유동성

(13) 볼륨과 인덴테이션

① 곡선 볼륨과 인덴테이션(Curve volume and indentation)

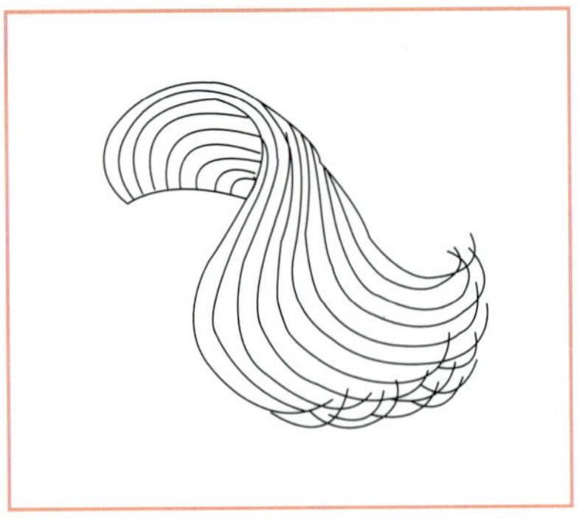

② 스트레이트 C,J라인 볼륨(Straight volume)

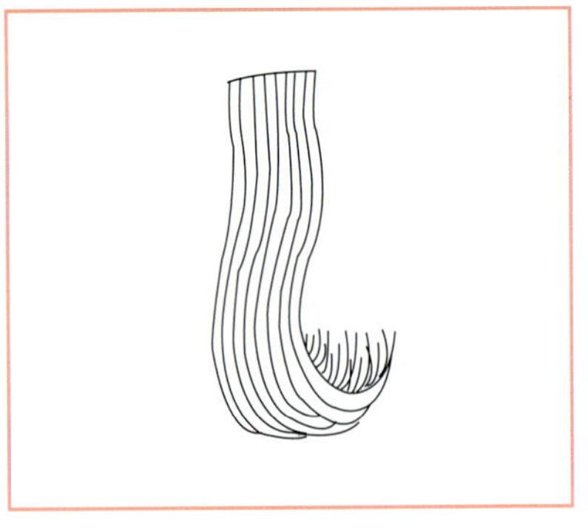

J라인

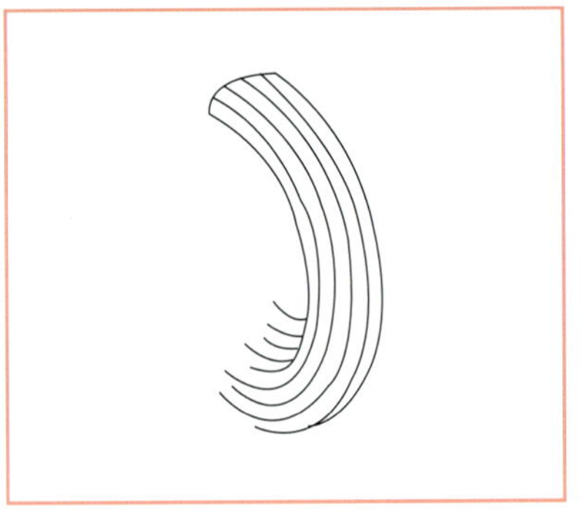

C라인

J라인과 C라인은 머리 모양 내에 만들어진다. 베이스와 머리가닥을 들어주고 머리끝은 안쪽으로 말아준다.

③ 스트레이트 볼륨과 인덴테이션(Straight volume and indentation)

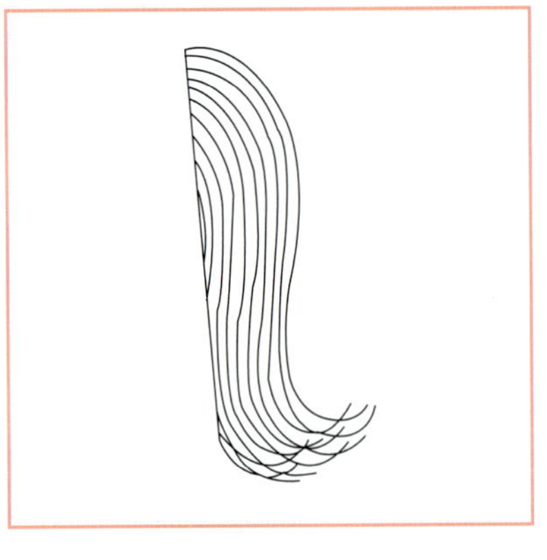

스트레이트 인덴테이션이 시술되면 베이스와 머리가닥은 평평하게 두상에 붙고 머리끝은 위로 말려진다. 이 스트레이트 인덴테이션은 스트레이트 볼륨과 종종 연결되어 시술된다.

(14) Blow dryer 각도

① 0~90° : 패널 strand와 평행하게 바람 출구를 대고 모발이 흐트러지지 않도록 한다.
② 두피쪽 볼륨을 낼 때 패널이 brush에 대해 45°~120°로 dryer바람이 들어간다.
③ straight hair line을 만들 때 blow dryer의 각도는 90°~45°로 사용한다.
④ 90~180° : 모선의 모간 끝을 안정시킬 때(모발 끝부분 작업시 각도 조절)
모발은 보통 10% 전후의 수분을 포함하고 있는데, 샴푸후는 그 수분이 30% 정도에 드라이를 한다. 드라이어의 가열온도는 약 60~80°가 적당하다고 본다. 보통 사용하는 것으로 브러시와의 간격은 약 1~3cm 정도가 적당하다.

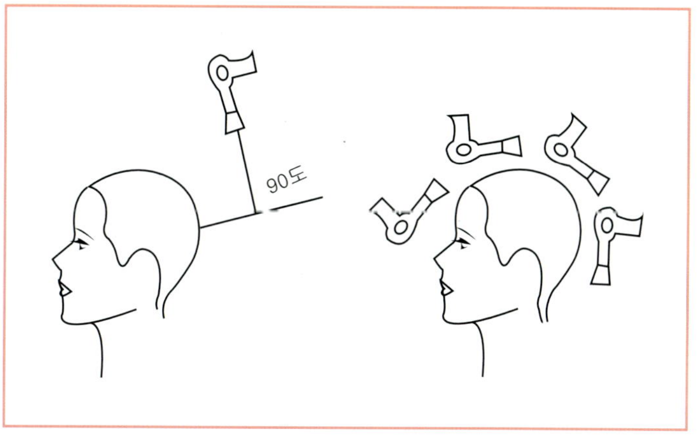

드라이기는 롤에 대해 평행으로 댄다.
두부의 곡면에 맞춰 드라이어의 위치를 변화시킨다.

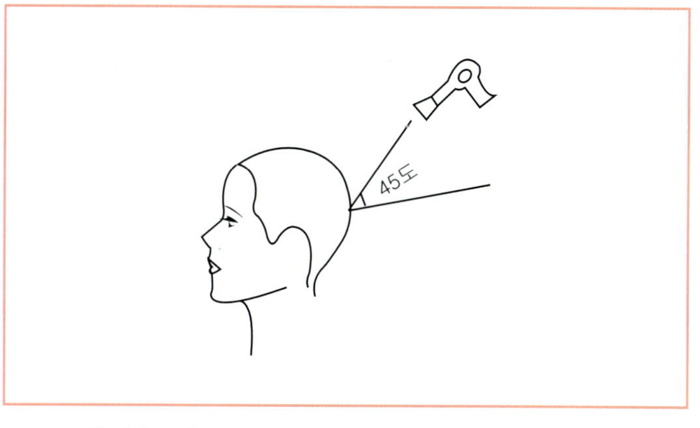

45°로 댄 경우, 밑뿌리에 볼륨을 내고자 할 때 적당하다.
(맨 살갗에 바람이 직접 닿지 않도록 한다.)

(15) 레져를 이용한 시술기법

① 레져를 이용한 브런트 커트

레져 브런트 커트는 층을 내지 않고 직선으로 자르는 기법으로서 모발 스트랜드로부터 레져의 각도를 눕히지 않고(낮추지 않고) 약간 사선인(60~70°) 상태에서 커트하는 것을 말한다.

② 테이퍼의 분류

a. 앤드 테이퍼(End taper)

스트랜드의 모발 끝으로부터 1/3 이내만 테이퍼하는 기법으로서 모발의 양이 적거나 스타일의 선을 부드럽게 보여지기 원할 때 사용된다.

b. 노멀 테이퍼(Nomal taper)

모발의 양이 보통인 경우 스트랜드의 1/2 부분에서부터 폭넓게 테이프 하는 기법이다. 모발 끝으로 갈수록 자연스럽게 가늘어져서 모발의 전체적인 움직임이 가벼워진다.

c. 딥 테이퍼(Deep taper)

모발의 양이 지나치게 많아서 모발의 양이 적어 보이게 하고 싶을때 사용되는 기법으로서 스트랜드의 2/3 지점에서부터 테이퍼를 시작하여 많은 양의 모발을 쳐냄으로서 무겁고 고정된 이미지의 모발에 가벼움과 움직임을 부여한다.

만약 이러한 기법을 가위를 사용하여 행할때는 스트록(stroke)이라는 용어를 사용하는데 스트록 정도에 따라 숏트 스트록(Short stroke), 미디움 스트록(Medium stroke), 롱 스트록(Long stroke)이라고 한다.

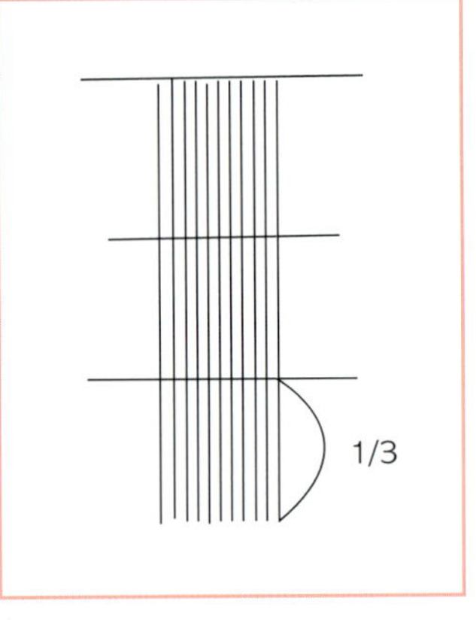

앤드 테이퍼

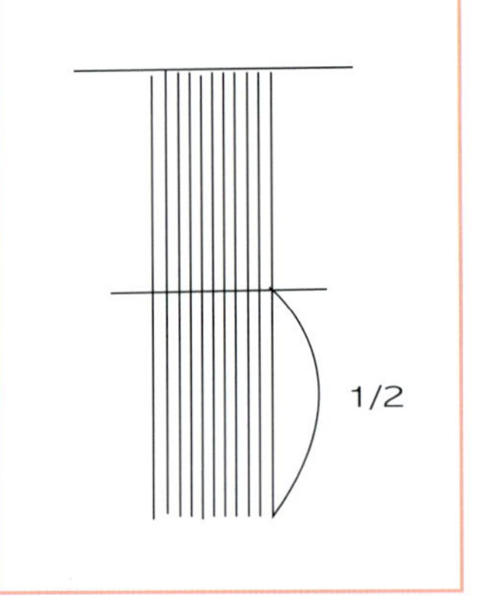

노멀 테이퍼

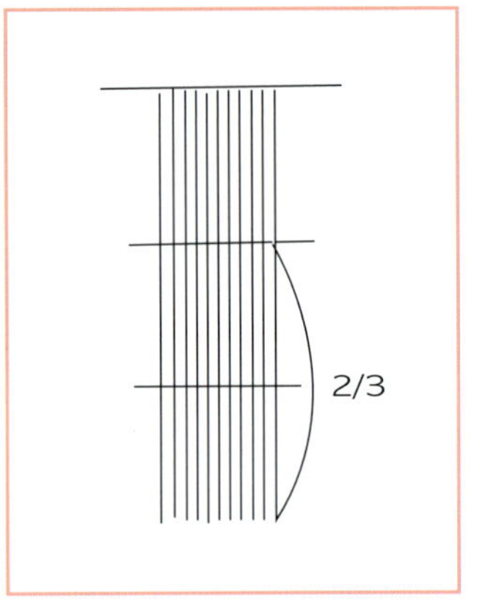

딥 테이퍼

③ 테이퍼의 시술

a. 인사이드 테이퍼(Inside taper)

인사이드 테이퍼는 브런트 커팅 후 모발 끝이 바깥쪽으로 뻗치는 바깥말음의 형태의 스타일을 내고 싶을 때 사용되는 커트 방법으로서 시술과정은 다음과 같다.

ㄱ. 세 손가락을 중심으로 쥐는 형태를 취한다.

ㄴ. 테이퍼를 원하는 만큼에 따라 테이퍼의 시작점을 정한다. 날이 시술자 자신 쪽으로 향하도록 하여 날과 스트랜드의 각도가 예각이 되도록 한다.
이때 레져의 날이 스트랜드와의 각도가 적을수록(날이 모발에 평평하게 닿을수록) 그리고 레져의 등쪽에 힘이 더 가해질수록 모발이 적게 잘려진다.

ㄷ. 스트랜드의 모근으로부터 모 끝을 향해 커팅한다.

ㄹ. 빗질로 테이퍼링된 모발을 털어 낸다.

b. 아웃 사이드 테이퍼(Outside taper)

제 2의 층이라고 볼 수 있는 스트랜드의 아랫부분을 커팅하는 방법으로서 일반 테이퍼링의 방법(레져 테이퍼링)과 시술형태는 동일하고 다만 날이 스트랜드의 아래쪽에 위치하는 것만이 다를 뿐이다.

브런트 커팅 후 안말음의 형태를 유도하거나 일정하게 떨어지는 선은 그대로 둔 채 무게만 가볍게 하고 싶을 때 사용되는 기법이다.

c. 보스 사이드 테이퍼(Bothside taper)

가벼운 끝맺음을 행하거나 모발 스트랜드의 안쪽과 바깥쪽 모두를 테이퍼하고 싶을 때 사용되는 방법이다.

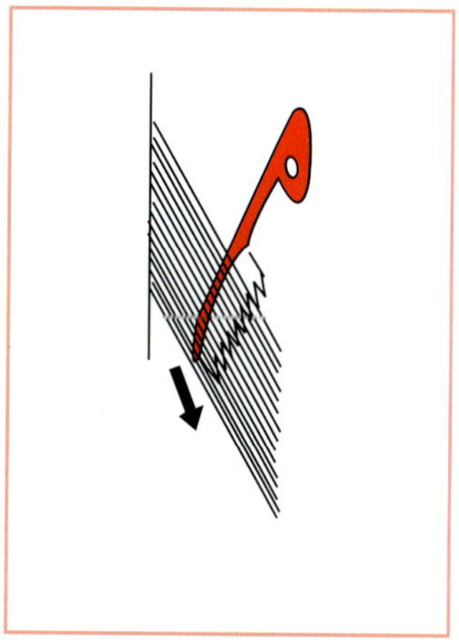

아웃사이드 테이퍼

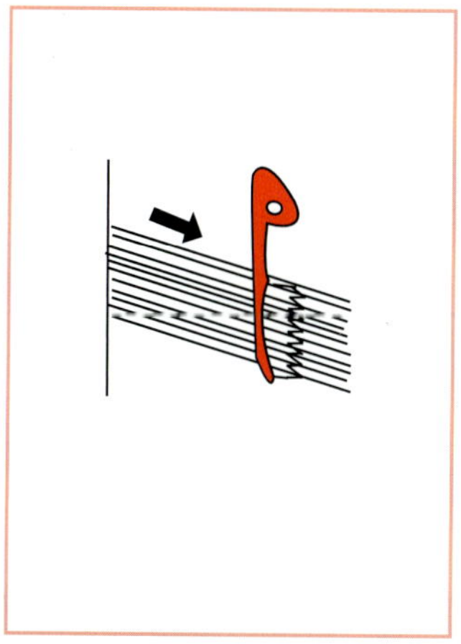

인사이드 테이프

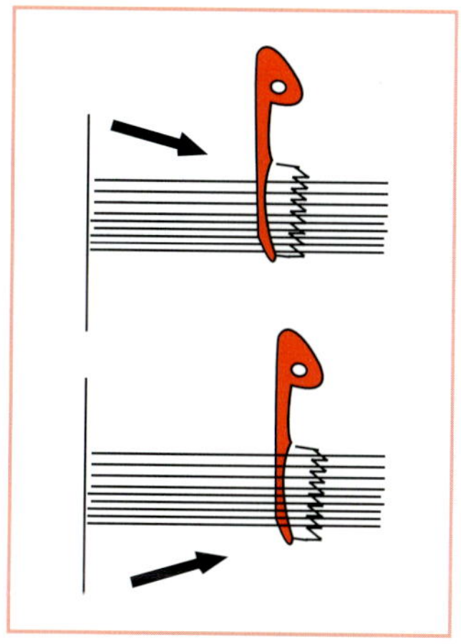

보스사이드 테이퍼

6) 헤어 크리에이티브 스타일 몰딩 및 실제 드라이 기법

몰딩이란 컨슈머를 작업하기 전 모류의 방향을 만들어주는 작업이 매우 중요한다. 수분을 70~80% 유지한 상태에서 머리를 분배하고 직선이나 곡선으로 드라이해서 모양을 잡아놓은 것을 뜻한다.

몰딩과 드라이에 필요한 도구로는 블로우 드라이어, 양면 브러쉬, 라운드롤 브러시, 넓은 빗, 렛테일빗, 핀셋, U핀, 광택 스프레이, 고정 스프레이 등을 들 수 있다.

(1) 첫번째 시술 하기 전 모류의 방향에 따라 볼륨의 뿌리부분을 양면 브러시로 C컬과 S컬로 제시하고 스타일링상의 웨이브나 형태의 방향을 잡아 놓는다.

(2) 두번째 작업은 전체적으로 머리 길이는 다르나 드라이로 모발 끝이 가볍게 보이면서 머릿결의 흐름을 하나하나 살릴 수 있고 모발 끝부분이 겹쳐지지 않으며 깃털처럼 가볍게 펼쳐지도록 드라이 하는 방법이다.

(3) 모류의 방향설정, 각도, 고정, 볼륨감, C,S,J 라인으로 드라이한다. 전체적인 디자인 방향은 C,S,J 컬과의 조화에 따른 볼륨감을 형성해 주고 뒷부분은 하트, 양파 모양 및 바람에 날리는 듯한 느낌 등을 연상하듯 드라이 한다.

매쉬의 길이가 짧거나 많은 볼륨을 주고자 할 때

볼륨 드라이 기법

전두부의 긴 머리쪽 부분의 낮은 밀착감과 인덴테이션을 주고자 할 때

인덴테이션 드라이 기법

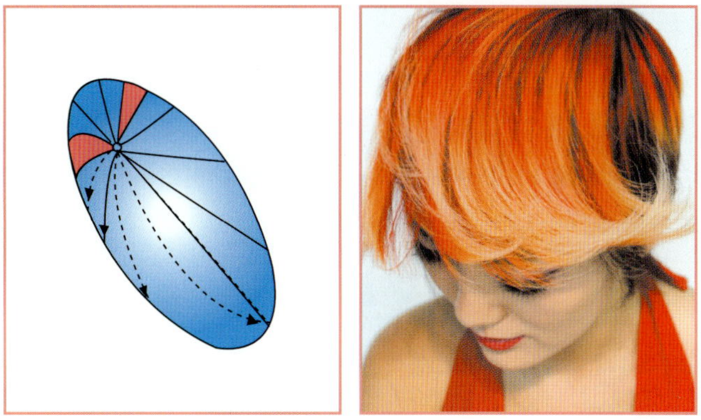

전두부의 몰딩된 방향

(4) 톱 부분에는 분수 모양을 중심으로 큰 C컬 즉, 큰 볼륨을 만들어 주는 작업으로 디자인 방향은 C,S,J 컬의 볼륨의 연결을 조화롭게 해주며 톱에서 프린지의 구상한 스타일에 맞게 드라이어를 시술한다.

① 몰딩 방향

a. 광택 스프레이를 분사하고 사이드 부분은 얼굴쪽으로 밀착시키고 네이프까지 연결 C,S,J 라인으로 빗어 붙여준다.

b. 반대쪽 사이드도 동일한 방법으로 한다.

c. 백, 크라운 부분은 볼륨과 S라인으로 끝을 매끄럽게 드라이 한다.

d. 네이프는 플렛한 인텐테이션 흐름으로 빗어 드라이 한다.

e. 톱은 볼륨을 형성하고 사이드에서 페이스 코 선까지 흘러내리듯 넓은 빗을 사용한다.

f. 입체적인 선을 만들기 위해서 빗과 드라이 몰딩한다.

g. 롤을 사용하여 분수 지점을 중심으로 작은 C와 큰 C라인으로 매끄럽게 볼륨 드라이 한다.

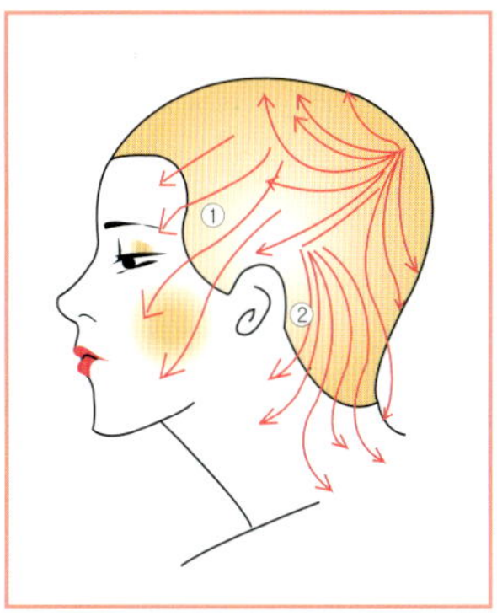

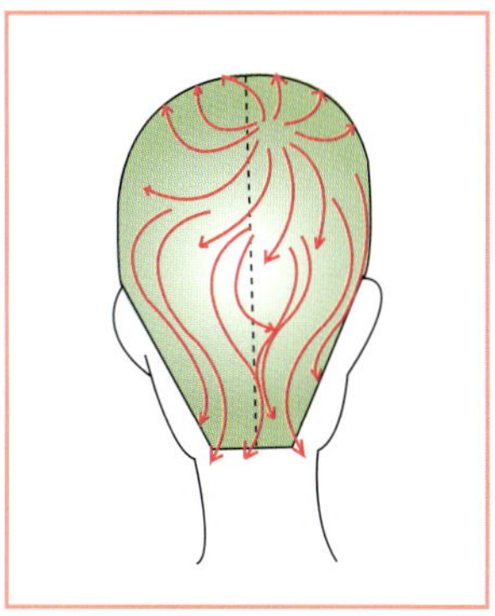

② 양면브러시 드라이

브러시의 형태가 한쪽은 짧고 한쪽은 긴 것을 선택하여 위치에 맞게 적절히 사용한다. 베이스 부분은 밀착시키고 톱과 백의 연결 부분은 모근쪽부터 C와 J라인으로 최대한 살려 형태와 각도, 모발의 위치에 따라 편리하게 사용하며 각도와 밀착감, 볼륨을 적절히 사용할 수 있어야 한다.

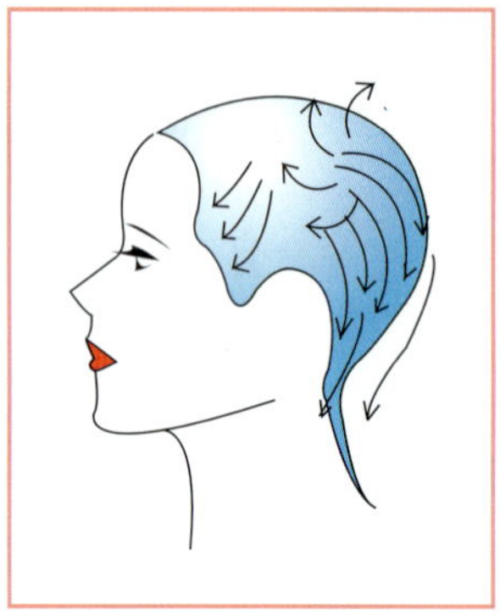

③ 라운드, 롤 브러시 드라이

스타일링 작업할 때 가장 중요한 작업의 하나인 드라이가 매끄럽게 잘 되어야 헤어 크리에이티브 스타일을 잘 표현할 수 있다. 스타일에 따른 롤 브러시의 크기를 선정하여 디자인 형태와 위치, 방향, 헤어의 질감, 비율과 각도에 따라서 모발을 분배하고, 직선이나 곡선으로 자연스러운 느낌의 C,S,J 컬의 흐름을 예술적으로 표현할 수 있도록 드라이 하는 것이다.

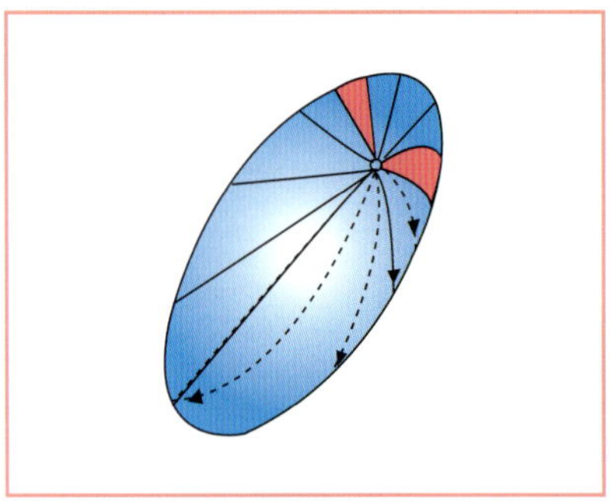

시계 방향의 C컬
앞머리 부분의 커브 모양

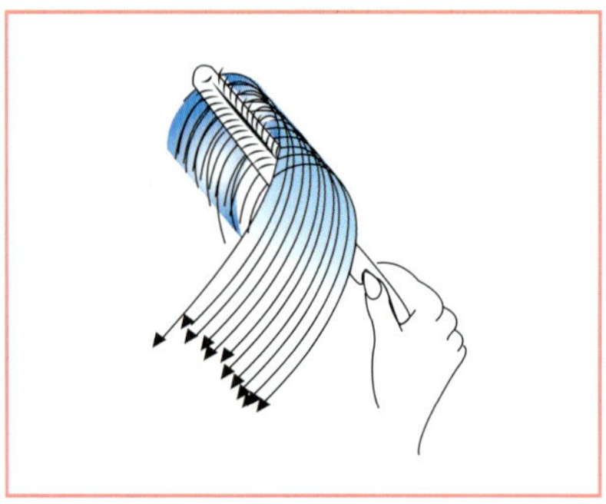

매쉬의 길이가 짧은 정수리 부분의
많은 볼륨을 주고자 할 때

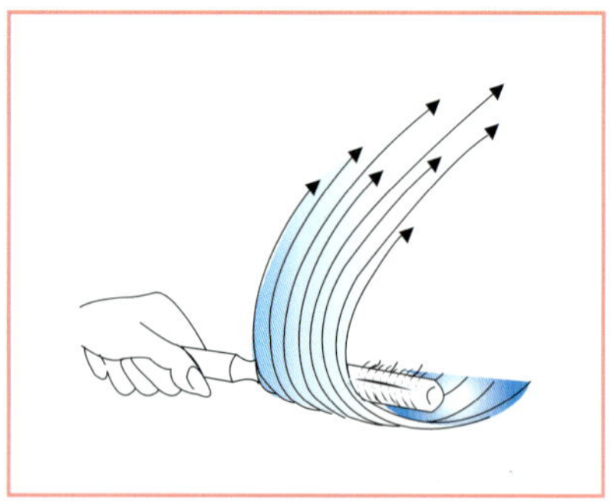

이마의 긴머리쪽 부분의
낮은 볼륨과 인덴테이션

④ 매쉬 만들기 기법

매쉬를 얇고 가볍게 잡고 검지와 중지의 손가락 사이에서 은행잎 모양이나 깃털처럼 얇고 가볍게 펼쳐지는 자연스러운 느낌으로 C,S,J 컬의 매쉬를 만든다. 연속적으로 한 점이 선에서 선으로, 면에서 면으로 확산되는 선들의 연결은 자연을 연상하며 두상의 위치에 따라서 산과 산 사이, 바위와 바위 틈새에서 난이 펼쳐지는 듯한 느낌으로 영감을 얻어 스타일링할 수 있다.

전체적으로 외곽선의 부드러운 웨이브와 실루엣을 표현한다. 매쉬의 자연스러운 움직임 등을 최대한 고려하여 구조적 형태로는 외곽선의 실루엣, 구도화의 조화, 비율, 높고 낮음의 균형미이다.

· 응용성으로는 얼굴과 헤어의 관련성 또는 신체 비례에 대한 전체적인 모양과 조화를 이루어야 한다.

· 창조성을 발휘하고 리듬감 있게 장단점을 보완하고, 하모니를 이루어 여성의 아름다움을 최대한 표출할 수 있는 헤어스타일을 연출한다.

a. 한쪽 사이드에서 크라운 네이프 쪽으로 넓은 얼레빗으로 입체적인 넓은 C라인을 이루면서 플랫하게 네이프까지 연결한다. 스프레이로 매끄럽게 고정한다.

b. 네이프도 광택제와 스프레이를 분사하며 납작(Flat)하게 붙여 J라인의 인덴테이션과 A라인으로 매끄럽게 고정한다.

c. 톱의 높은 볼륨과 C,S 컬을 나타낸다. 전체적인 구도가 삼각, 다이아몬드형 모양으로 입체적인 효과를 나타낸다. 끝부분까지 C,J 라인으로 매끄럽게 빗어 마무리하고 스프레이로 고정한다.

d. 사이드 모발은 고 중심선까지 넓은 빗과 광택 스프레이 등으로 입체적이고 매끄러운 슬라이스 질감을 표현한다.

e. 프린지에서 톱으로 향해 좌, 우로 분리. 우측 파팅은 크고 좌측 파팅은 작은 라인으로 톱, 분수 쪽으로 갈수록 볼륨을 세워지는 C,J 라인을 만든다.

f. 전체적으로 삼각 또는 다이아몬드 모양으로 균형미와 매끈도, 안정감, 조화미를 연출한다.

매쉬 만들기

2. 헤어 크리에이티브(컨슈머) 과정 Ⅰ

커트, 컬러링, 드라이, 스타일링 완성

Before

After

단계별 과정

커트전 모델

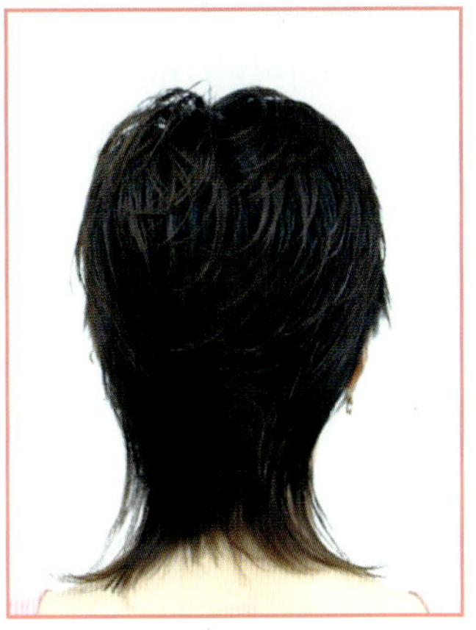

커트 완성

탈색 완성

컬러링 완성

드라이 과정

작품 완성

1) 크리에이티브(컨슈머) 커트 실전

(1) 구조그래픽 이해

크리에이티브 커트는 인크리스 레이어(Increase Layer), 유니폼 레이어(Uniform Layer), 그레쥬에이션(Graduation) 등의 혼합형(Combination Form)으로 약간의 시대별 유행에 따라 약간의 차이는 있으나 기법은 유사하다.

① 백에서 네이프는 그레쥬에이션과 인크리스레이어로 연결된 커트선이다.
② 톱과 프린지는 유니폼과 인크리스 레이어 커트로 진행되었다.
③ 사이드와 구렛나루 부분은 그레쥬에이션 커트과 인크리스 레이어로 연결된 질감 커트를 하였다.

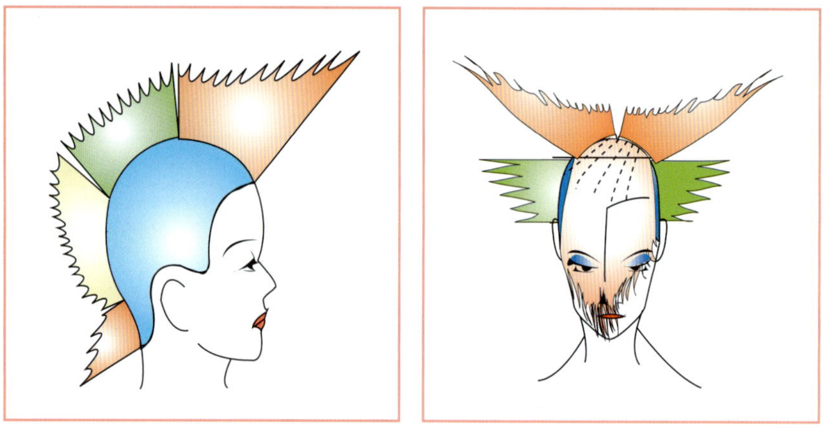

구조그래픽(Combination Structure)

(2) 위치에 따른 커트 길이

커트 베이스는 얼굴을 중심으로 라인과 포인트를 살려 구도에 따라 커트한다.

① 헤어 디자인 분석 - 시대의 흐름은 어떠한가? 개성, 장 · 단점 확인, 모질, 길이, 모발의 흐름, 골격, 발모 각도, 모발의 색, 창조성이 있는가?에 따른 기술적인 표현력을 살려 분석한다.
② 구성요소 - 점, 선, 면, 형태, 방향, 움직임, 공간, 칼라, 명암에 따른 요소

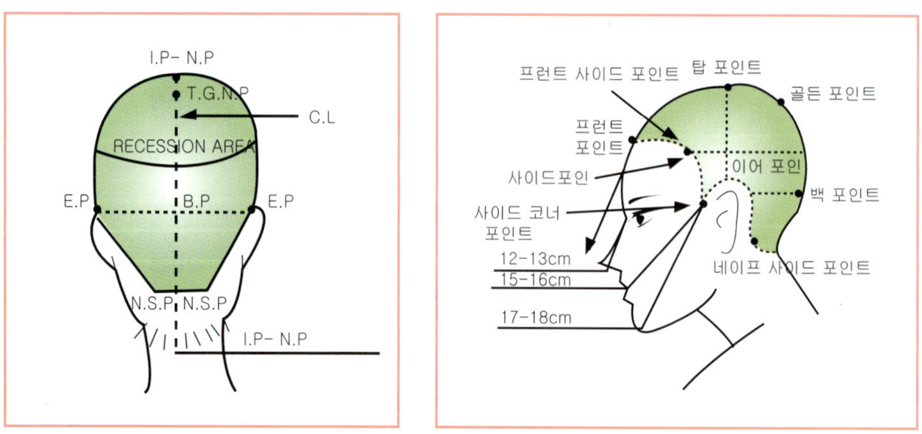

위치에 따른 커트 길이

a. 프론트(Front)

F. P에서 코 길이까지 12~13cm 정도

F. P에서 입술 길이까지 15~16cm 정도

F. P에서 턱선 길이까지 17~18cm 정도의 길이를 중심으로 샤기한 스타일로 커트한다.

b. 양 사이드(Side)

귀를 중심으로 S.C.P에서 입선까지 길이를 7~8cm부터 S.C.P에서 턱선을 중심으로 10~11cm 길이로 증가하면서 커트된다.

c. 백(Back)

T.P에서 N. P 22cm, N.P에서 가이드 모발 길이 6~8cm, 따라서 최종길이가 커트 기준이 된다.

잠깐! - 커트용어

- 커트 후 두상의 곡면에서 모발을 떨쳤을 때의 구조

① 인크리스 레이어 : 전, 후, 좌, 우에서 커트된 모발이 위는 짧고 아래로 점점 길어진다.

② 유니폼 레이어 : 두상의 곡면 위치에 따라 모든 길이가 동일하다.

③ 그레쥬에이션 : 전, 후, 좌, 우에서 위로 올라갈수록 점점 길어져 쌓여있는 커트 길이

④ 혼합형 : 하나의 두상에 ①②③ 커트 등을 혼합하여 디자인한다.

(3) 섹션(블로킹) 나누기

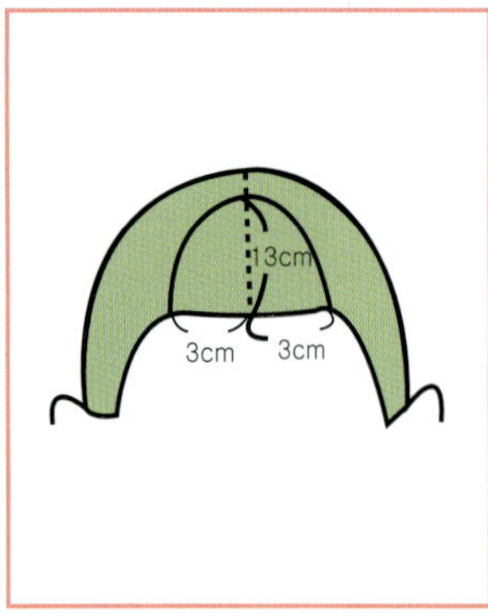

① 전두부 – 가마에서 프론트쪽으로 2cm 정도 앞에서 센터파트하고 센터에서 양옆으로 각각 3cm 정도 총 6~7cm 정도 둥근 삼각형 베이스로 섹션을 나눈다.

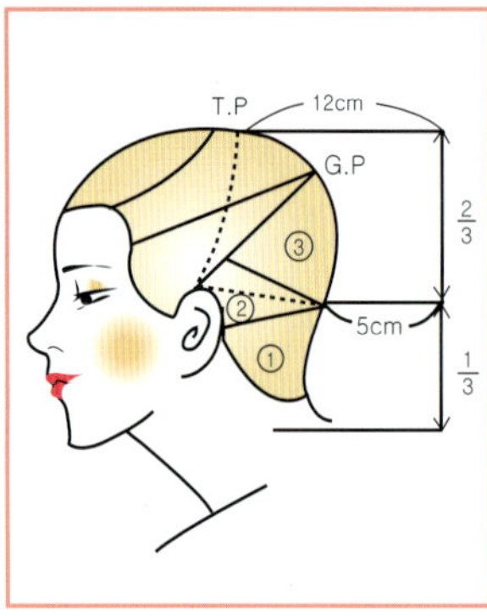

② 이어 투 이어로 나누고 톱 센터에서 후두골까지 수직 라인으로 섹션한다.

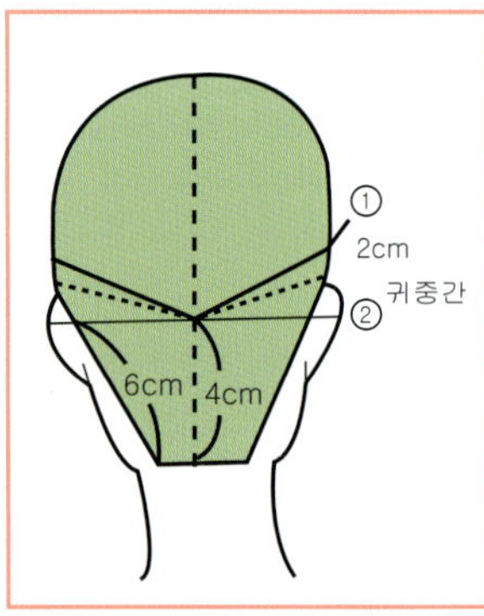

③ 백은 센터 파트하고 중앙 지점은 2cm 사이드 쪽으로 귀위 2cm 올리고 아래는 귀볼 중간까지 삼각으로 섹션한다.

(4) 위치에 따른 커트

① 네이프 커트

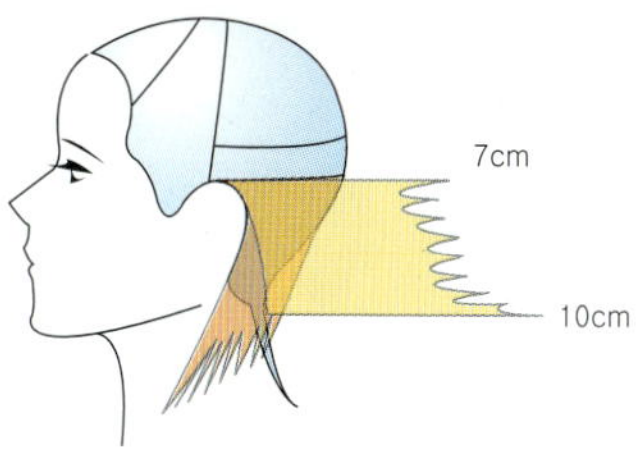

a. 먼저 네이프 중앙에서 수직으로 파팅한다.

b. 약 1~1.5cm 수직 패널을 잡아 온베이스도 양사이드 쪽으로 이동하면서 네이프 센터 길이 7~8cm로 레져 에칭 커트한다.

c. 네이프 코너 사이드쪽 두개의 패널을 각각 오프, 프리, 베이스로 코너 최종 길이 14~15cm로 레져 에칭 커트한다.

② 이어 백 이어 커트

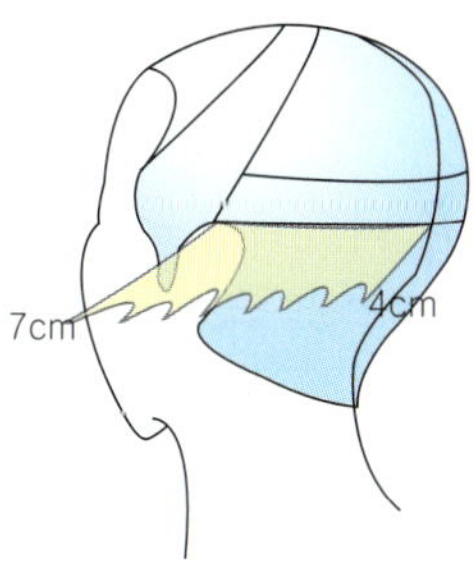

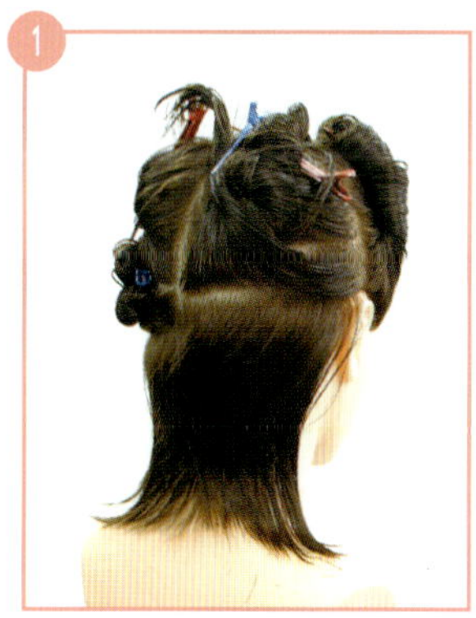

a. 두 섹션 수평으로 나누어 백 안쪽에서 귀 사이드(전대각 방향)로 레져 에칭커트 한다.

b. 삼각의 남은 윗부분도 수평으로 귀뒤에서 백 뒤쪽(후대각 방향)으로 레져커트 한다.

c. 귀 뒤에서 양쪽 네이프로 빗어 매끄러운 질감과 C라인으로 움직임이 자연스럽게 연결 됨을 확인한다.

③ 백~톱 커트

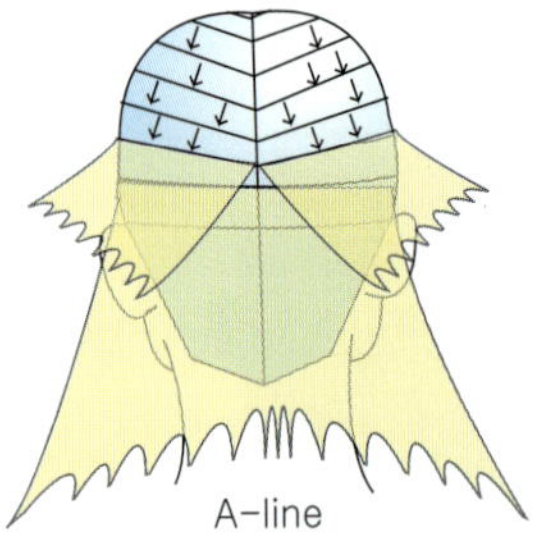

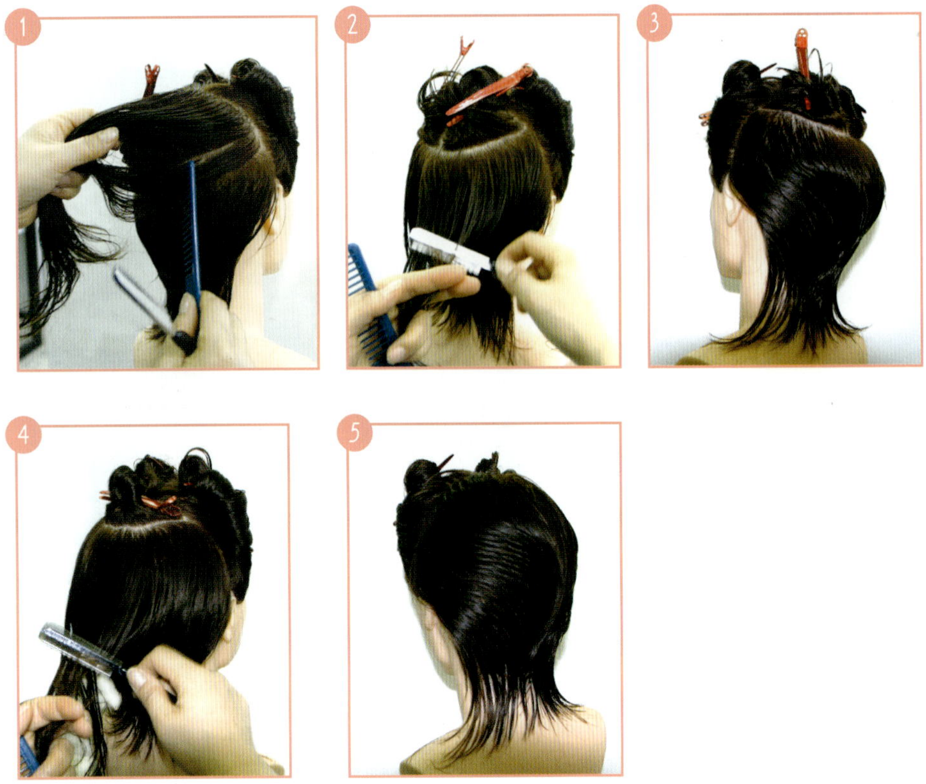

a. 후대각 파팅에서 직각 분배, 낮은 각도로 커트한다. 패널과 손가락은 후대각 파팅과 평행하게 잡고 아래 커트 길이에 맞춰 에칭 커트한다.

b. 커트하는 모양과 형태적 흐름을 빗어보며 C,S,J 라인으로 가볍게 커트되었는지 빗어보며 확인한다.

c. 같은 방법으로 이어백 위치로 고정, 낮은 각도로 톱까지 가볍게 레저 에칭 커트한다.

d. 질감내기 : 사이드, 귀 뒤, 양 크라운사이드, 네이프 순으로 레저 회전 테크닉으로 부피감을 줄이고 두상에 매끄럽고 얇게 밀착되는 형으로 커트가 진행되어야 한다.

④ 양쪽 사이드

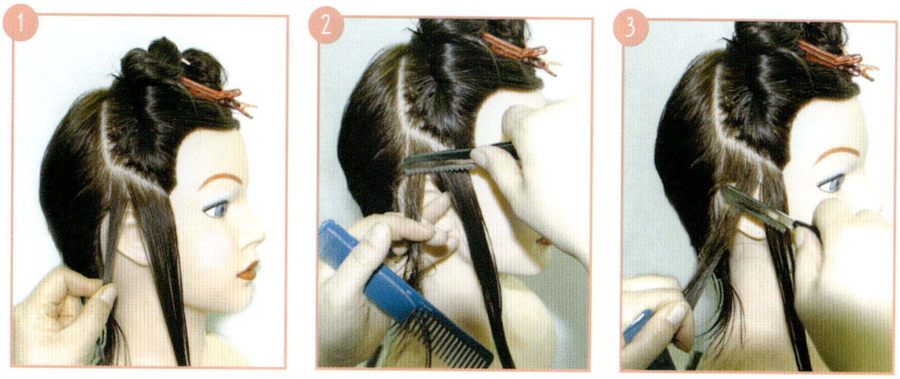

a. 전대각 파팅을 한 다음 귀볼 위에 1cm의 작은 삼각 베이스를 잡는다. 작은 삼각 베이스를 0°로 레져 에칭 커트하여 귀 위라인 1cm 길이로 커트 한다.

b. 나머지 모발도 2등분으로 나누어서 사이드 코너 길이가 짧아지지 않도록 조심스럽게 곡선으로 점점 길어지는 레져 에칭 커트하여 자연스럽게 연결시킨다(인크리스 레이어).

c. 볼쪽에서도 붓끝처럼 가벼운 느낌이 들도록 레져 에칭 커트한다.

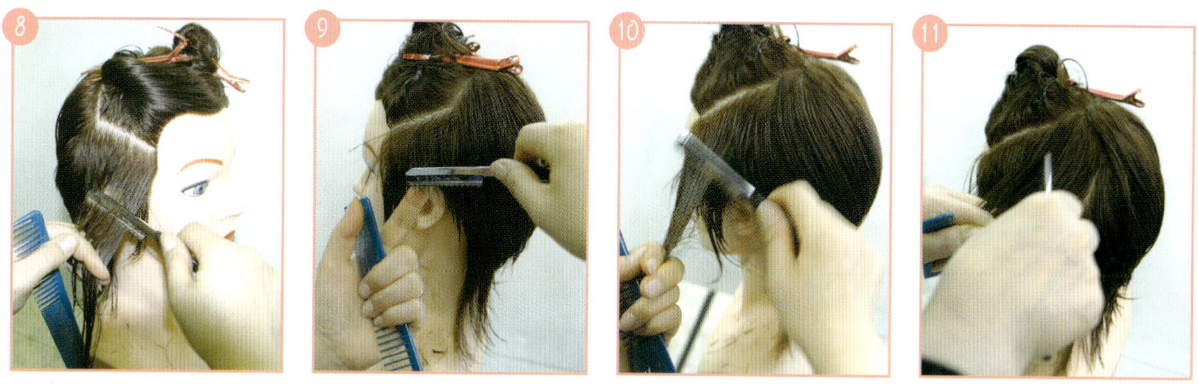

d. 같은 방법으로 전대각 파팅하고 아래 낮은 시술 각도로 커트 선과 연결 점점 길어지도록 레져 에칭 커트한다(그레쥬 에이션).

e. 반대쪽 사이드 역시 같은 방법으로 진행한다.

⑤ 네이프 사이드

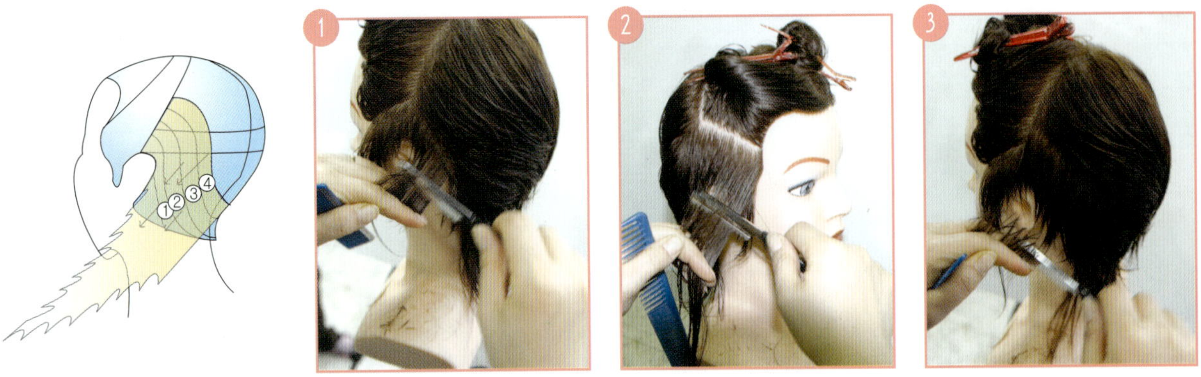

a. 귀 뒤에서 후대각 파팅하고, 변이 분배, 레져 에칭 기법으로 커트한다. 네이프 코너 길이를 보호하면서 레져 에칭 방법으로 자연스럽게 연결시킨다. 2~3회 같은 기법으로 다듬는다.

b. 반대쪽 귀 뒤 부분도 같은 방법으로 커트 한다.
c. 귓볼 부분은 가위나 테이퍼 가위로 질감 정리 한다.
d. 전체적으로 레져 에칭 기법으로 질감 정리 한다.

⑥ 전두부

a. 4~5개의 피봇, 방사형 파팅으로 나눈다.
b. 첫 번째 파팅은 톱 길이 약 12~13cm 정도 길이로 아래 길이에 맞춰 레져 에칭 스트록 기법으로 커트 한다.

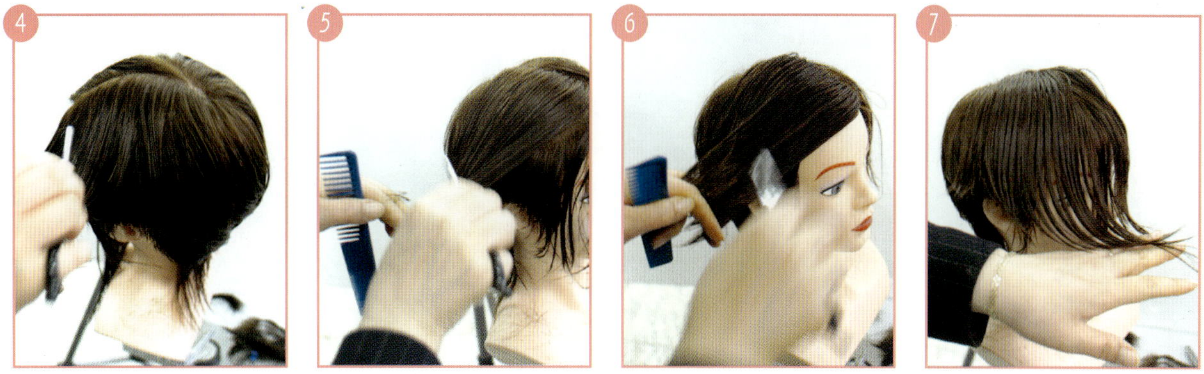

c. 톱에서 얼굴쪽으로 갈수록 턱선보다 2cm 정도 길게 커트한다.
d. 동일한 방법으로 고정하며 레져 에칭 커트한다.
e. 반대쪽도 동일한 순서와 방법으로 커트한다.

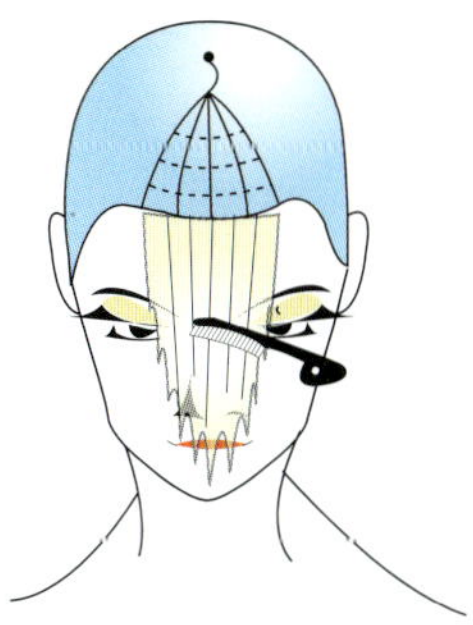

f. 앞머리를 내려 빗으면 머리 끝의 길이가 턱선에서 2cm 정도 길게 커트된다.
g. 양쪽 머리를 균형을 맞춰 V컨백스 라인으로 레져 질감 커트 한다.

⑦ 톱

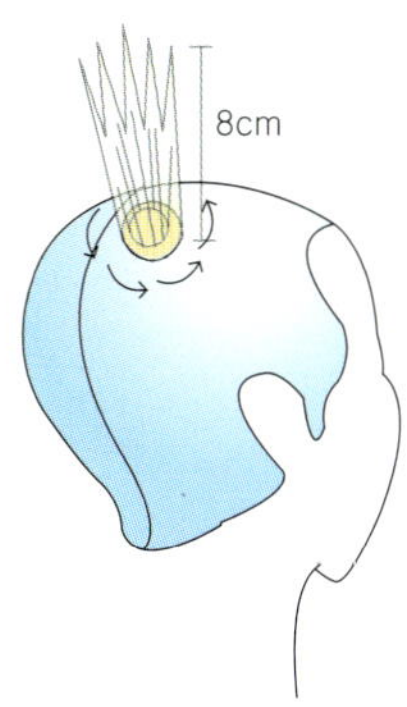

a. 톱의 중앙에서 우측으로 2cm 지점에 지름 2cm 정도의 형태를 위한 분수 위치를 잡는다.
b. 분수형 모발을 트위스트해서 레져 에칭으로 7~8cm 길이로 커트한다.

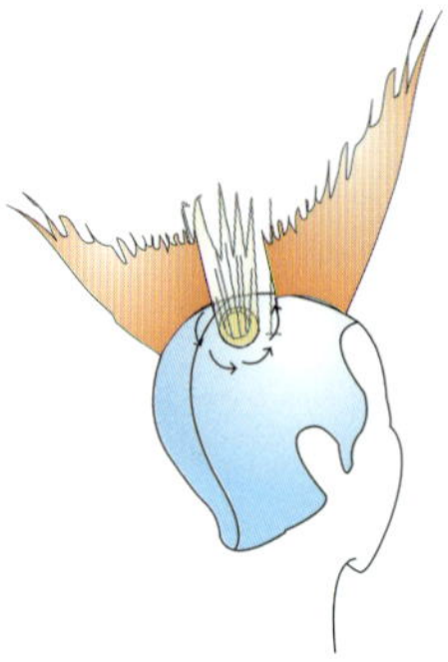

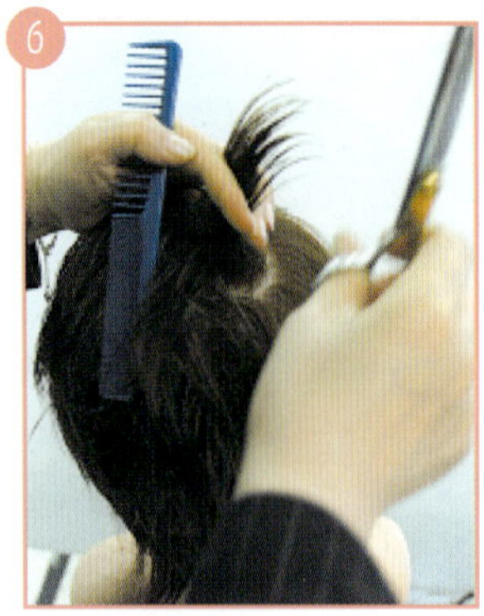

c. 톱 주변 모발도 분수 길이에서 피봇, 방사형 파팅한다. 위로 똑바로 세워 변이 분배 이동하며 레져 필링기법으로 인크리스 레이어 커트한다.

⑧ 질감내기

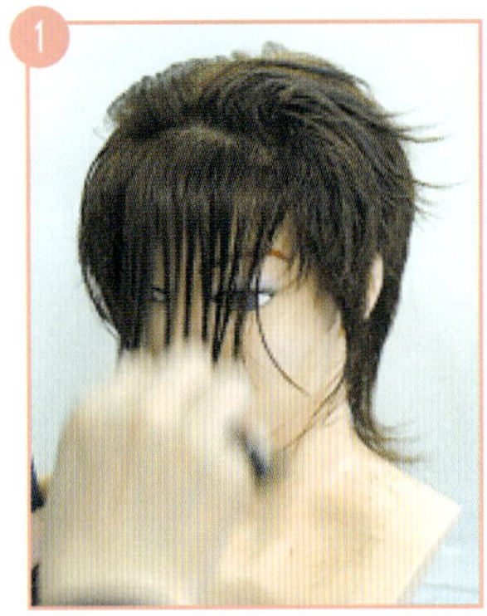

a. 전체적으로 테이퍼 가위를 사용하며 더욱 얇게 질감 커트한다.
b. 전두부 역시 수평파팅하고 레져 에칭으로 모발 끝이 얇게 질감내기하며 연결시킨다.

2) 헤어 크리에이티브 컬러(Hair Creative Color)

· 컬러링은 커트가 완성된 상태에서 크리에이티브 스타일에 맞는 베이스 섹션을 나눈다.
· 모근쪽 2cm 띄고 모발끝 부분까지 그라데이션 기법의 중간, 밝은 톤으로 손상되지 않게 블리치 한다.
· 산성컬러 제품 등으로 모근 쪽에서부터 다크, 미디엄, 라이트, 하이라이트 순으로 컬러링제를 도포하고 장시간 방치하면 깊은 명암의 컬러링이 완성된다.

(1) 블리치 과정

· 섹션의 폭은 1.5~2cm 정도 나눈다.
· 섹션의 전체 길이 1/2 지점은 블리치제를 충분히 도포하고, 모근쪽으로는 소량 도포한다.
· 모발 끝으로 갈수록 명도 8, 10, 12레벨 순으로 점점 밝아지도록 재도포 하면서 블리치 한다.
· 블리치가 밝게 되면 클리닉 제품을 도포하여 모발의 손상을 방지한다.

① 블리치

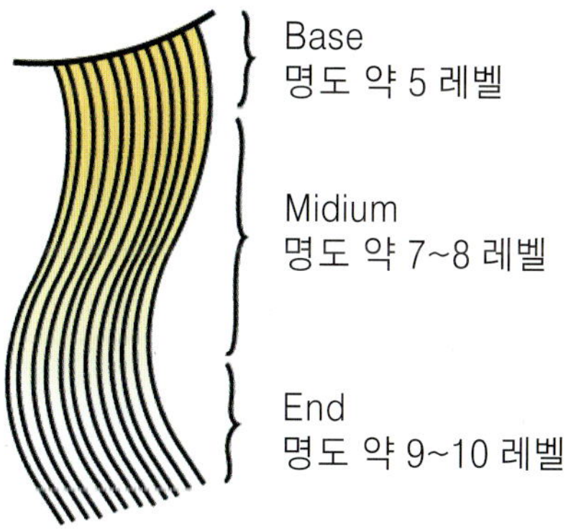

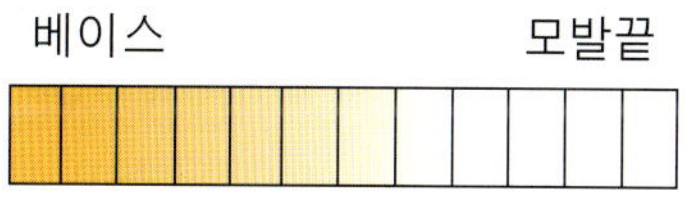

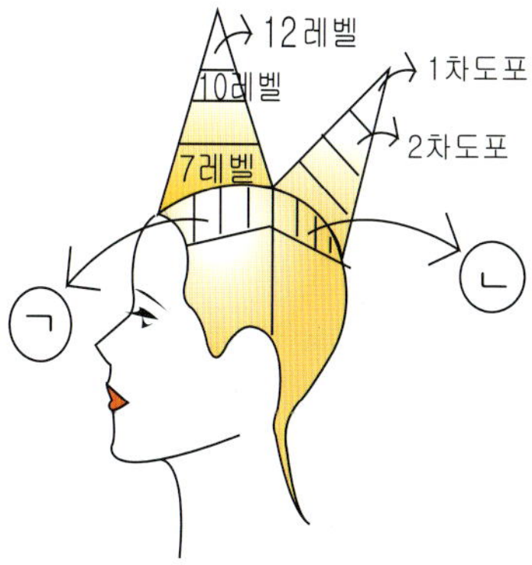

탈색 그래픽

② 블리치제 조제 및 도포방법

a. 블리치제 조제 비율 - 가루 블리치 : 산화제 = 1 : 2

b. 1차도포 - 조제된 블리치제를 모근쪽으로부터 2cm 정도 남기고 모발 위아래 충분히 도포 후 호일 접기 한다.
→ 열처리 3~4분 → 자연방치 20분 정도 둔다. → 타올로 블리치제를 닦아 낸다.

c. 2차도포 - 새로운 블리치제 조제는 소량의 트리트먼트를 첨가, 1차 도포위치에서 2cm 정도 남기고 도포한다. 자연 방치하며 탈색 정도를 관찰 한다.

d. 3차도포 - 트리트먼트를 첨가하여(약액의 1/4양) 모발 끝의 4~5cm 정도만 도포한다. 자연방치, 12레벨 정도 되면 샴푸 한다.

e. 블리치된 모발에 트리트먼트 영양제를 듬뿍 도포하여 약 1시간 정도 방치한 후에 헹군다.

③ 베이스 컬러(Base Color)

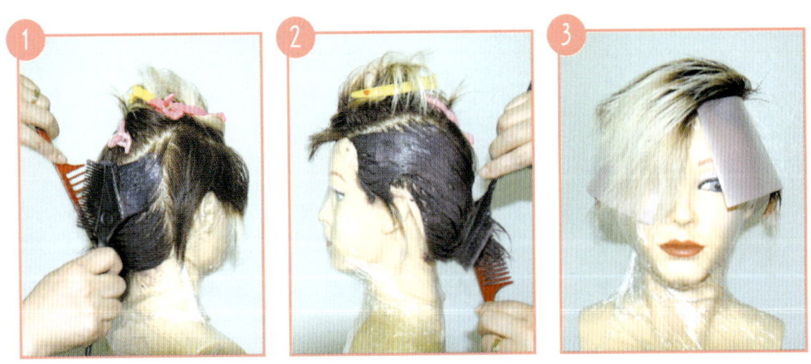

a. 헤어라인 주위에 두피 및 피부 보호크림을 바른다.

b. 베이스 : 섹션을 제외한 사이드, 백, 네이프 전체를 컬러링 된 색상과 연결해서 가장 어두운 색상을 도포한다.

(2) 컬러 색상 도포하기

① 컬러 색상 : 레드, 오렌지, 옐로우 오렌지, 하이라이트

a. 탈색된 부분을 1~1.5cm 정도씩 파팅(슬라이스)을 하고 두피쪽으로부터 모발 끝 부분 까지 레드, 오렌지, 옐로우 오렌지, 하이라이트 순으로 컬러 제품을 도포한다.

b. 하이라이트 끝 모발에는 투명 산성 컬러제 또는 색상이 스며들지 않도록 유분 크림을 도포하고 호일을 분리 포장한다.

c. 도포 후에는 모발 끝을 위로 똑바로 세워서 방치하고 샴푸할 때도 하이라이트 색상이 스며들지 않도록 주의한다.

d. 색을 깊게 안착시키기 위해 장시간 방치한다.

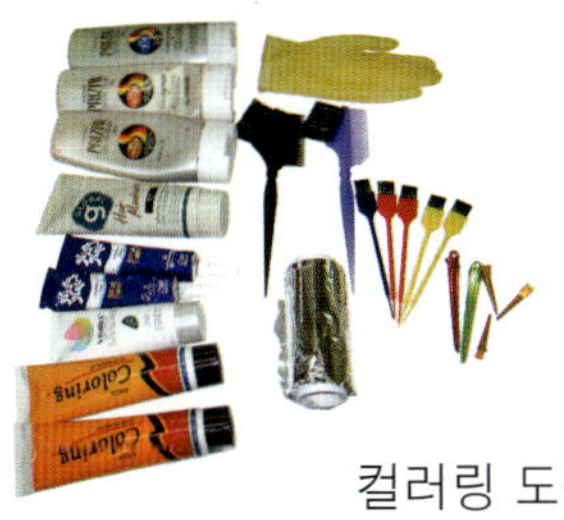

컬러링 도구

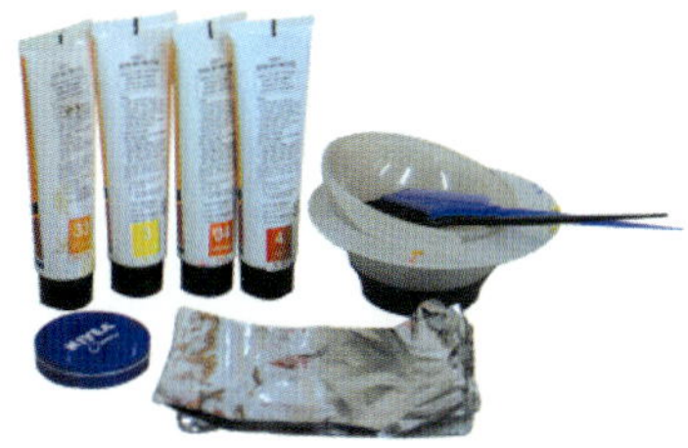

컬러 제품 선택

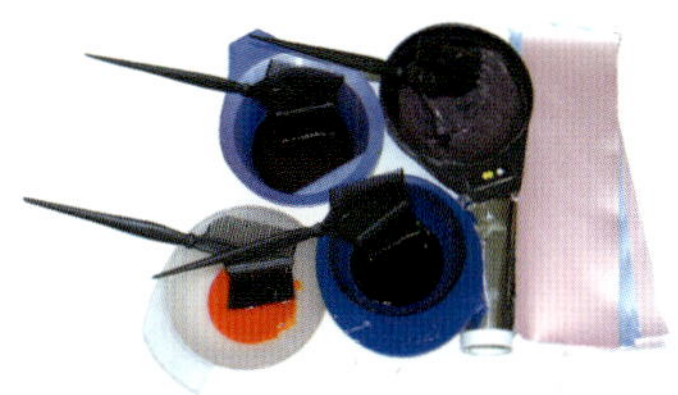

색상 조제

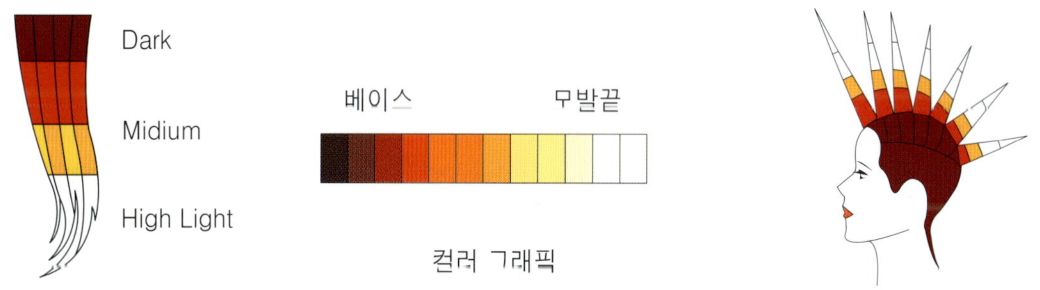

컬러 그래픽

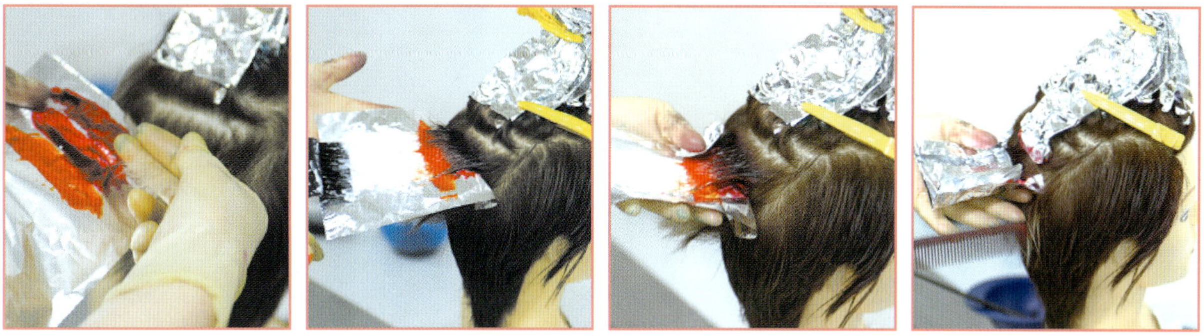

컬러링 도포과정

컬러링 완성

3) 헤어 크리에이티브(컨슈머) 드라이 과정

스타일 하기에 적합한 도구를 사용하여 드라이 과정이나 방향설정이 매끄러운 상태로 되었을 때 전체적으로 더욱 훌륭한 작품으로 완성할 수 있다.

(1) 드라이 도구

블로우 드라이어, 양면 브러시, 롤 브러시, 고정 스프레이, 광택 스프레이, 핀셋

브러시

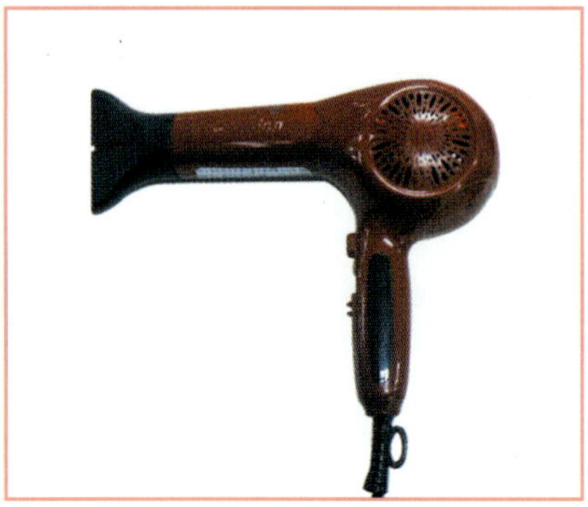

드라이 기기

(2) 양면 브러시 잡는 방법

브러시의 손잡이 부분에 움푹 들어간 곳을 엄지와 검지로 잡는다.

(3) 양면 브러시 사용 설명

브러시의 긴 빗살로 된 부분 – C,S컬 방향성과 뿌리 볼륨이 필요한 백 – 톱 – 전두부 – 프린지 부분에 사용

브러시의 짧은 빗살로 된 부분 – 볼륨감 없이 두상의 밀착감과 C,S 방향감 흐름을 나타낼 때 귀 뒷부분의 곡섹션 – 네이프 – 사이드 – 전두부 모근쪽 모류 방향 등을 조절하며 사용한다.

(4) 몰딩 및 드라이 순서

왼쪽 귀 뒤의 곡면 섹션~네이프 → 왼쪽사이드 → 오른쪽 귀 뒤의 곡면 섹션~네이프, 사이드 → 백 → 탑 → 전두부 순으로 C,S 라인의 방향으로 밀착시키고 톱은 볼륨을 형성한다.

(5) 양면 브러시 드라이하기

① 사이드

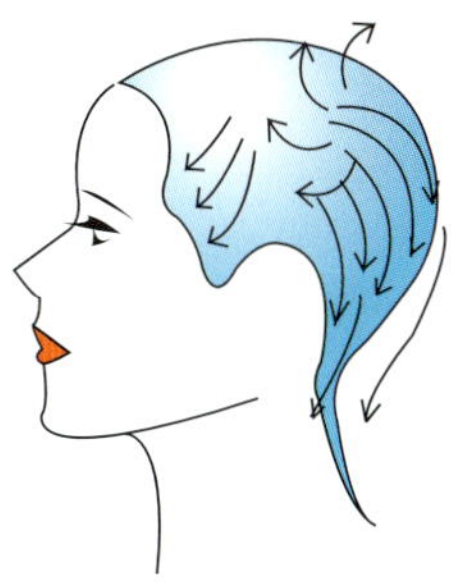

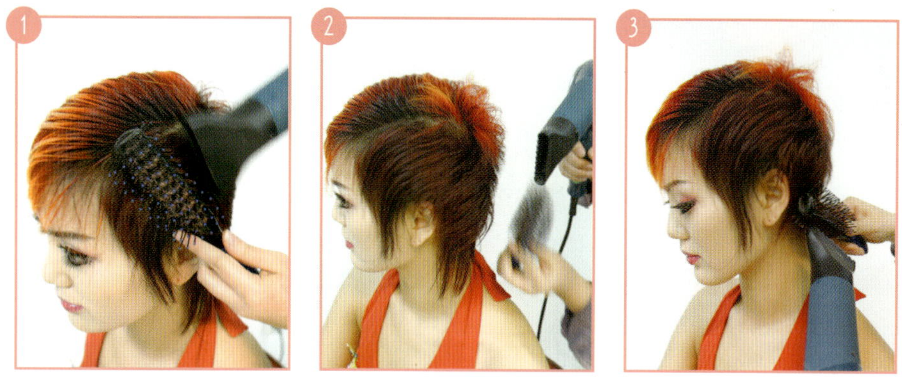

a. 사이드 부분은 모발을 앞쪽으로 보내주면서 양면 브러시의 짧은 쪽을 사용한다. 모근에 밀착감있게 몰딩하며, 모발 끝부분으로 갈수록 C라인이 되도록 드라이 한다.

b. 구렛나루 모발끝은 붓처럼 가볍게 턱선쪽으로 향하게 하면서 네이프 사이드를 C,S,J 라인으로 연결되게 몰딩한다.

② 네이프 ~ 백

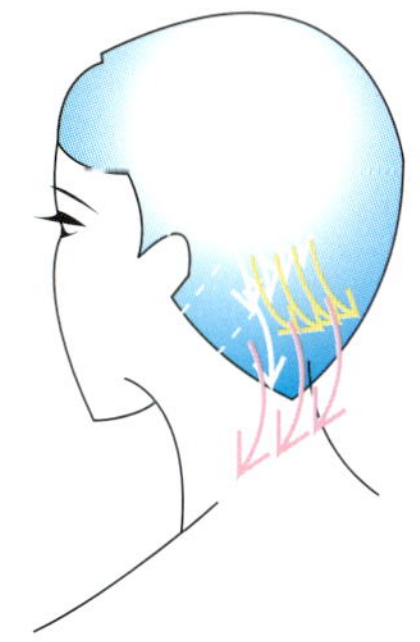

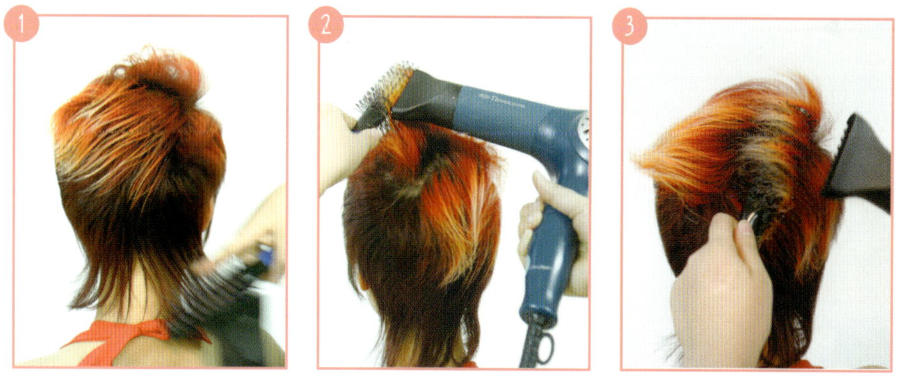

a. 백 부분은 밀착시켜 C라인으로 몰딩하며, 톱의 뿌리 부분은 최대한 볼륨을 많이 세워주고 백 부분은 사이드 네이프에 C,S,J 라인 흐름이 자연스럽게 연결되게 몰딩한다.

③ 톱 크라운

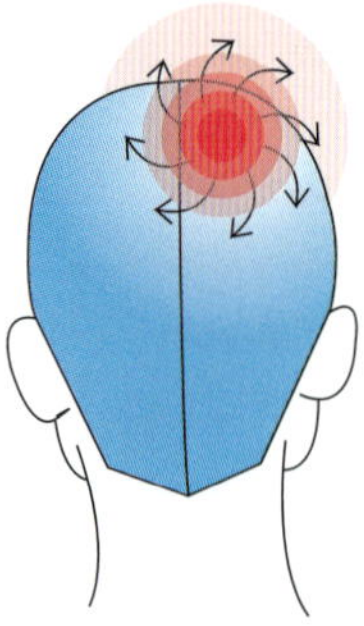

a. 양면 브러시의 짧은 부분을 이용하여 C커브가 이루어지도록 모근을 잡아주고 빗살이 긴 부분으로 모발 끝의 전체흐름이 C컬이 되도록 볼륨감있게 드라이 한다.

④ 톱 ~ 전두부

a. 톱 부분과 전두부의 모발이 C,S,J형 흐름으로 자연스럽게 볼륨과 인덴테이션으로 연결되도록 몰딩한다.

(6) 롤 브러시 드라이 기법

① 롤 브러시 잡는 방법

롤 브러시를 수평, 수직, 대각으로 롤 브러시를 잡는 방법으로 모발 끝쪽으로 펴줄 때와 판넬을 안쪽으로 잡아서 롤을 형성할 때 사용한다. 엄지와 검지는 움푹 들어간 중심을 잡고 일정하게 롤을 돌려주는 역할을 한다.

수 직

수 평

시 선

② 롤 브러시 사용 설명

브러시의 빗살을 패널의 뿌리 전면에 열풍이 닿을 정도로 약 1cm 정도 띄고 모근쪽에서 브러시를 회전시킨다. 브러시의 이동에 따라 드라이어도 머리 끝까지 함께 세이프 한다.

③ 스타일에 따른 롤 브러시 드라이 과정

a. 사이드와 네이프는 C,S,J 라인의 흐름으로 연결하고 롤 브러시로 모발이 갈라지지 않게 밀착감 있고 매끄럽게 드라이 한다.

b. 네이프의 형태는 가벼운 인덴테이션 기법과 A라인 형태선으로 밀착감 있게 드라이한다.

c. 톱 부분을 최대한 볼륨을 살려 C컬로 백~네이프와 자연스럽게 연결시킨다.

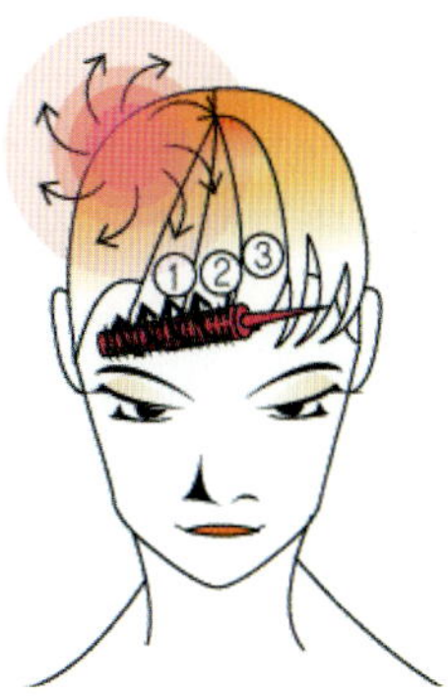

d. 모발 끝부분의 전체적인 흐름을 J와 C컬이 되도록 드라이한다. 전두부 라인 매쉬 부분을 더욱 강조하여 모발 끝을 매끄럽도록 드라이한다.

4) 스타일링(매쉬 만들기)

매쉬를 만들 부분을 가늘게 잡는다. 검지와 중지의 손가락 사이에서 깃털처럼 펼쳐지는 자연스러운 느낌으로 C,S,J 컬을 만든다. 한 점이 선에서 선으로 면에서 면으로 확산되는 선들에 연결, 자연을 연상하면서 만든다. 응용성으로는 얼굴과 헤어의 관련성, 얼굴주변의 창조적인 방식, 신체 비례에 대한 전체적인 모양과 조화를 이룬다. 창조성을 발휘하고 리듬감 있게 단점을 보완해서 하모니를 이루어 여성의 아름다움을 마음껏 표현할 수 있는 헤어스타일로 마무리 한다.

* 매쉬는 삼각형이나 다이아몬드 형으로 구성된다.

① 광택 스프레이를 전체적으로 가볍게 분사 후 P. P점으로부터 C,S,J 라인의 흐름대로 빗어 준다. 네이프 부분은 모발 끝이 위로 향하도록 C라인으로 붙여 스프레이를 분사하고 모근쪽이 일어나지 않도록 고정시켜 준다.
② 전두부는 미리 구성한 방향으로 빗질하여 형태를 만들어 준다.

③ 매쉬를 최대한 얇게 펴서 모근에 스프레이를 분사한다. 매쉬 부분에 광택 스프레이를 20cm 떨어진 위치에서 분사하고 모발 끝 부분이 매끄럽도록 잡아주면서 스프레이를 안개처럼 얇게 소량 분사하여 고정시킨다.

④ P. P점에 분수는 가장 높은 지점으로 깃털처럼 최대한 얇게 펴서 전두부의 매쉬와 백 부분의 C,S,J 컬의 흐름에 연결되도록 고정시킨다.

⑤ 모근에 스프레이 분사 후 드라이어의 약한 바람으로 고정시켜 준다. 검지와 중지 사이에 넓게 펴져있는 모발을 매끄럽게 C컬을 이루면서 손가락이 미끄러지듯이 자연스럽게 빠져 나온다.

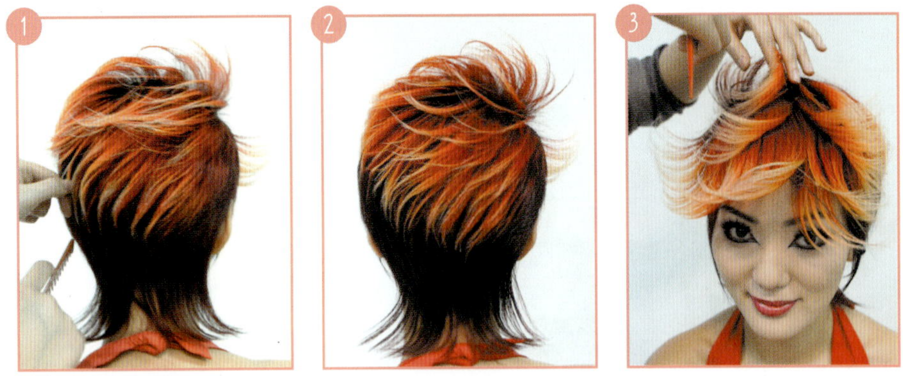

⑥ 백부분은 P. P점과 백네이프 부분에 먼저 광택 스프레이를 분사한다. C,S,J 라인 흐름으로 자연스럽게 연결되도록 볼륨감 있게 빗어주면서 모발 끝부분을 매끄럽게 고정한다.

⑦ 분수 부분에 지름 1.5cm 정도를 가늘게 세워 모근 쪽에 스프레이를 뿌린다. 난초 또는 분수 모양처럼 중심부는 스트레이트 하고 나머지는 J컬로 세운다.

⑧ 전두부 모발은 모근 쪽을 C,J흐름으로 붙여 빗어 주고, 톱은 난이나 분수 모양으로 연출한다. 전두부는 은행잎 또는 나뭇잎 모양으로 스타일링하여 완성한다.

헤어 크리에이티브(컨슈머) 토탈 스타일 완성

20 년 월 일

작품 내용 :

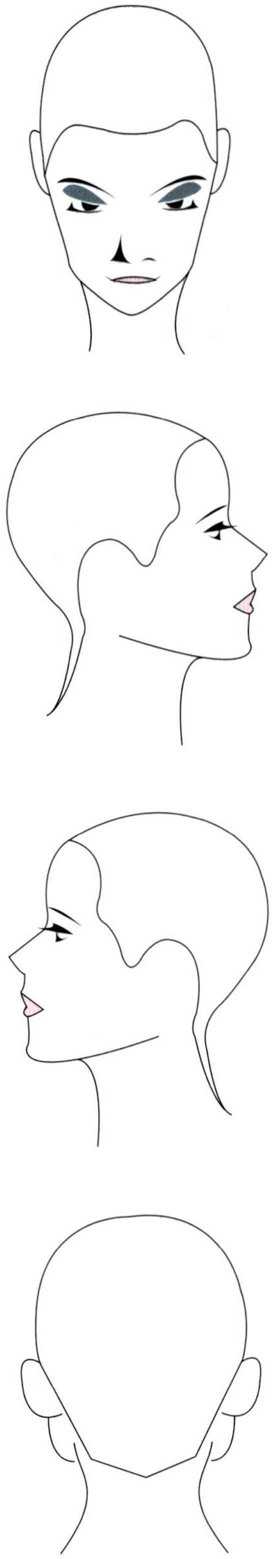

20　　년　　월　　일	
작품 내용 :	
전 면	
우측면	
좌측면	
후 면	

3. 헤어 크리에이티브(컨슈머) 과정 Ⅱ

커트, 컬러링, 드라이, 스타일링 완성

Before

After

단계별 과정

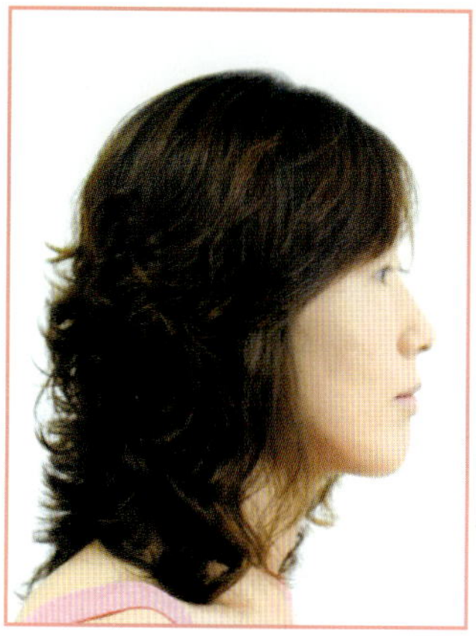

커트전 모델

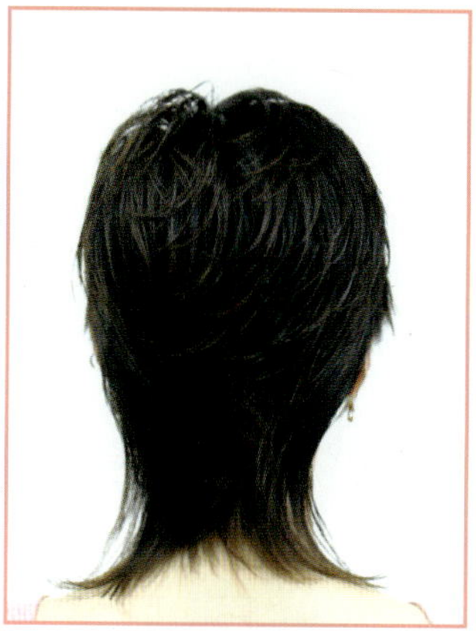

커트 완성

탈색 완성

컬러링 완성

드라이 과정

작품 완성

헤어 크리에이티브 커트(Hair Creative Cut)

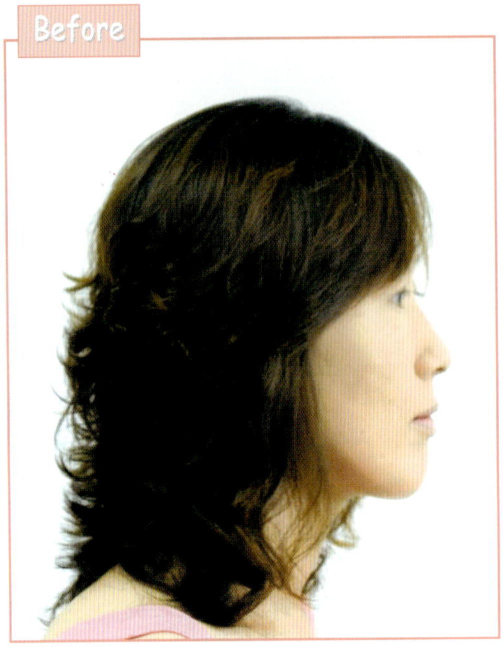

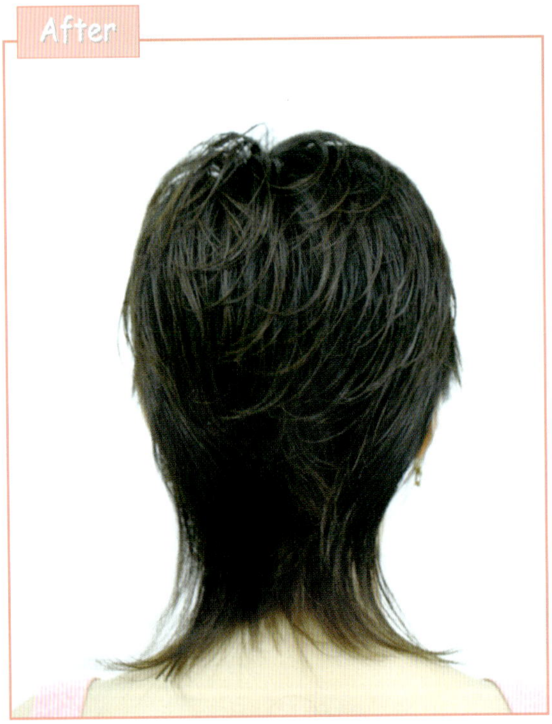

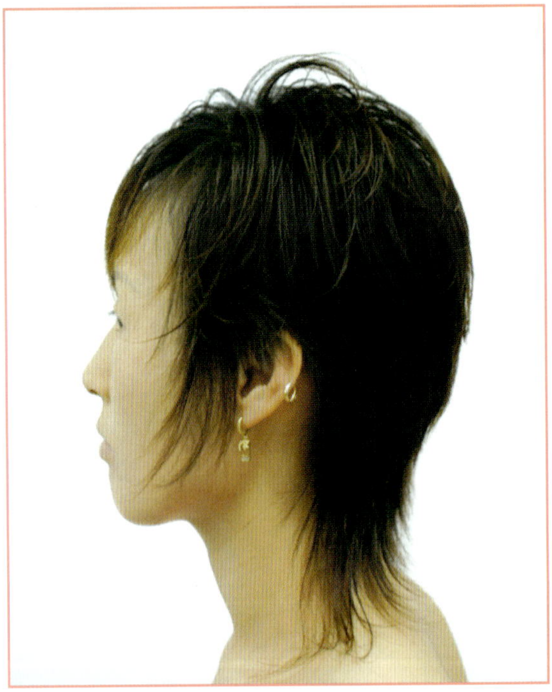

1) 헤어 크리에이티브 절차에 따른 커트

(1) 구조 그래픽(Structure)

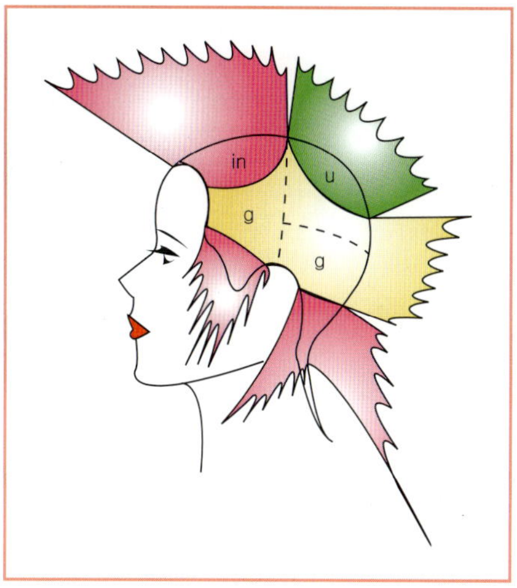

① 네이프와 전두부, 구렛나루는 인크리스 레이어형으로 질감 커트 한다.
② 백사이드는 그레쥬에이션 질감 커트 된다.
③ 톱, 센터 부분은 유니폼 레이어의 질감 커트한다.
④ 전체적으로 샤기한 질감과 함께 인크리스, 그레쥬에이션, 유니폼레이어 길이의 구조를 나타낸다.

(2) 섹션(Section)

① 전두부 : 직사각형, 백 : 역삼각형 섹션
② 크레스트 라인에서 후두부까지 브이(V) 섹션으로 인테리어와 엑스테리어로 분리한다.
③ 이어 백 이어의 수평섹션하고 백은 센터로 나눈다.

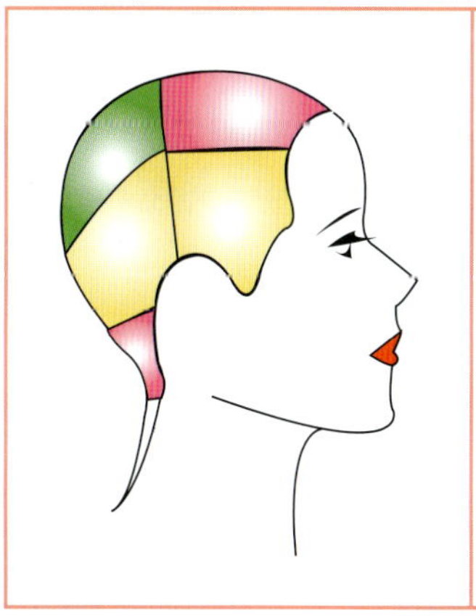

① 네이프 커트

a. 수평 섹션하고 높은 각도로 인크리스 레이어, 레져 에칭 롱 스트록으로 한다.

b. 수평파팅, 수직분배, 이동디자인 - 중간 낮은 시술각 4~5cm 길이에서 시작. 사이드 코너 네이프 라인쪽으로 점점 길어지며, 샤기한 질감 커트 한다. 대각으로 크로스 체크와 컨케이브선의 자연스럽고 샤기한 느낌의 형태선으로 커트한다.

② 백 커트

a. 그레쥬 에이션 레져 에칭 스트록 커트한다.
b. 수평파팅, 수직분배, 중간낮은 시술각으로 커트한다.
c. 손목에 힘을 주지 않고 가벼운 손의 움직임으로 샤기한 느낌의 질감 커트 한다.

d. ①의 인크리스 윗머리와 디스커넥션 커트로 샤기한 질감 커트 하고, 자연스럽게 연결한다.

e. 네이프는 레저 회전 기법으로 커트하여 두상 곡면에 부드러운 밀착감을 준다.

③ 사이드 커트

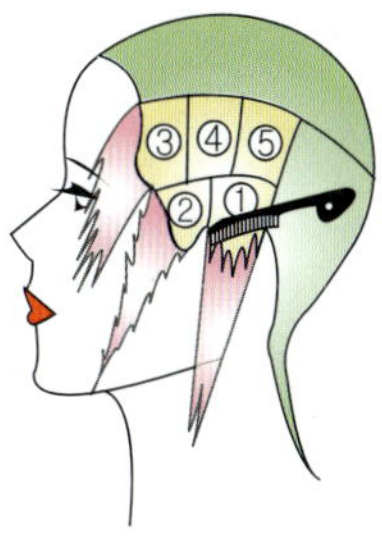

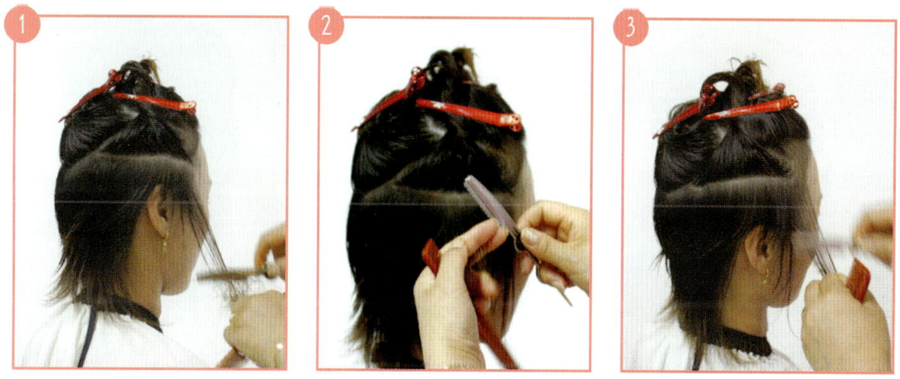

a. ①, ② 왼쪽 그래픽의 낮은 시술각, 레져 에칭 기법으로 그레쥬 에이션커트와 구렛나루 쪽으로 짐짐 길어지는 인크리스 레이어 커드를 한다.

b. ③ 헤어라인 쪽 수직 파팅, 낮은시술각, 레져 에칭 기법으로 광대뼈 위치 길이에서 구렛나루와 자연스럽게 연결시킨다.

c. 반대쪽도 ④, ⑤ 그래픽 그림의 중간 낮은 시술각 레져 에칭 스트록으로 그레쥬에이션 커트하면서 ①, ②번 윗머리 길이와 샤기한 질감으로 자연스럽게 연결시킨다.

④ 귀주변 형태선 정리

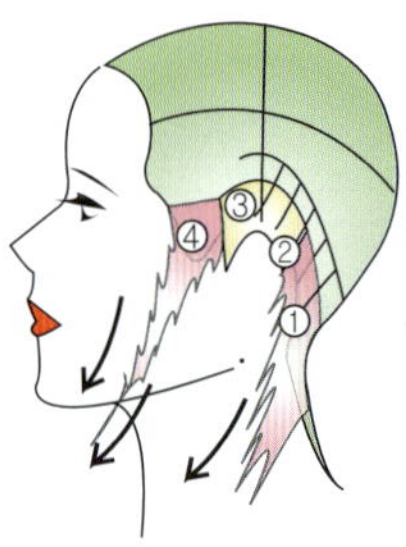

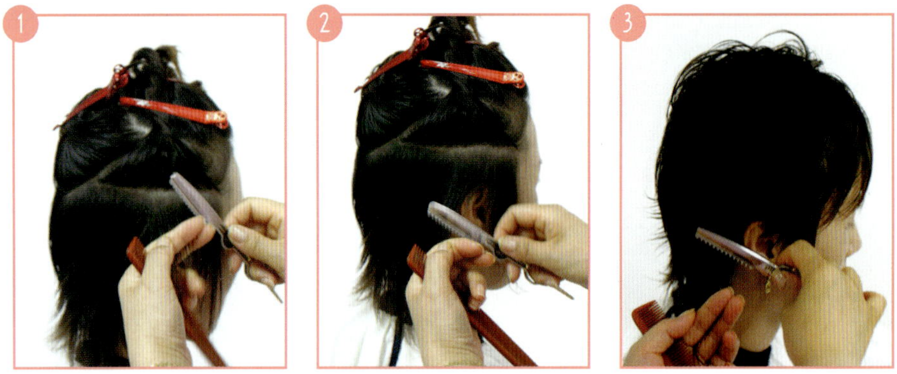

a. 자연 시술각과 레져 에칭 기법으로 촘촘하게 다듬는다.

b. 변이분배 ①과 네이프길이 연결, 네이프 코너 길이에 보호하며 가위 슬라이드 기법으로 정리한다.

c. ③은 ②의 앞쪽으로 끌어당겨 고정시켜 같은 기법 사용

d. 슬라이드 기법으로 구렛나루 주변을 가벼운 깃털 느낌의 질감을 나타낸다.

e. 반대쪽 후두부와 사이드 커트 역시 ②, ③, ④와 같은 절차로 커트한다.

⑤ 톱 : 유니폼레이어, 크라운 : 그레쥬에이션

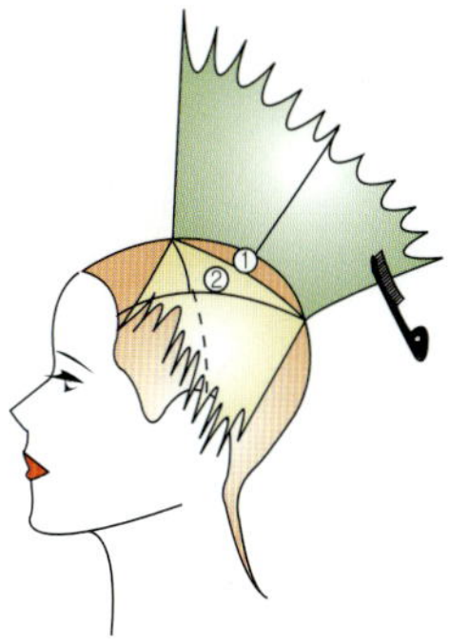

a. 톱(유니폼) : 수직파팅, 90° 시술각, 레져 에칭 기법, 백→톱으로 에칭 기법으로 동일 한 형태로 샤기한 질감을 나타낸다.

b. 그리운(그레쥬 에이션) : 중간 낮은 시술각, 레져 에칭 스트록기법 크라운 아랫머리 보다 길게 에칭 스트록 한다.

c. 톱을 중심으로 양쪽 크라운 같은 절차로 커트한다.

d. 커트된 상태에서 빗으로 몰딩 방향을 잡는다.

(3) 중간 몰딩(Molding) 과정

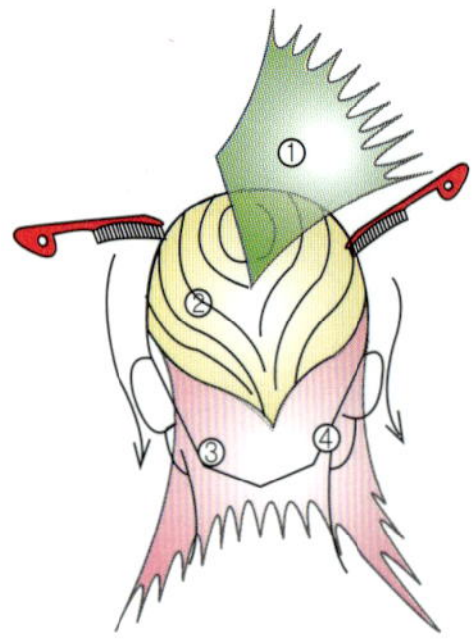

① '①' 톱의 유니폼 레이어된 부분은 위로 빗어 부채 형태를 이루도록 빗는다.
② '②' 크라운의 그레쥬에이션 질감 커트된 부분은 센터로 모아지는 좌우 C컬의 자연스러운 움직임으로 하트 모양처럼 빗어준다.
③ '③, ④' 의 인크리스 레이어된 부분은 자연스럽게 빗어 좌우 네이프로 밀착시키며 끝머리는 가볍고 부드러운 A라인(컨 케이브) 형태로 나타낸다.

(4) 전두부 : 인크리스 레이어 롱 스트록 레져에칭 커트 기법

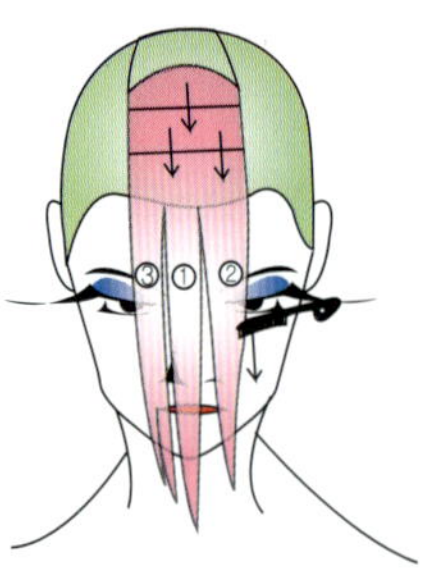

중간 낮은 시술각, 직각 분배, 질감내기 입술선 길이와 컨백스 형태로 가벼운 질감 커트한다.

(5) 전두부(인크리스 레이어)와 톱 연결

① 질감 내기 : 필링, 레져 에칭, 레져 회전 기법으로 질감 커트한다.

② 톱의 유니폼 레이어와 전두부에 필링 기법으로 길이 연결과 함께 인크리스 레이어로 레져 에칭 롱 스트록 질감 커트한다.

③ 전체적으로 형태선과 무거운 부분들을 레져 또는 테이퍼 가위로 질감 정리하고 커트된 선들이 깃털처럼 가볍고 입체적인 효과를 나타내도록 몰딩에 따른 방향을 잡아본다.

(6) 완 성

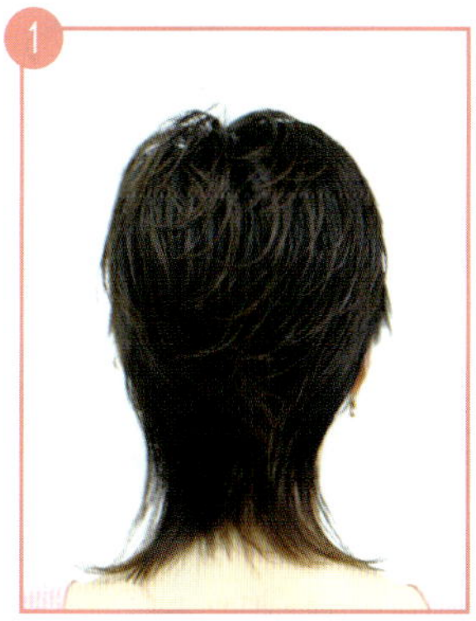
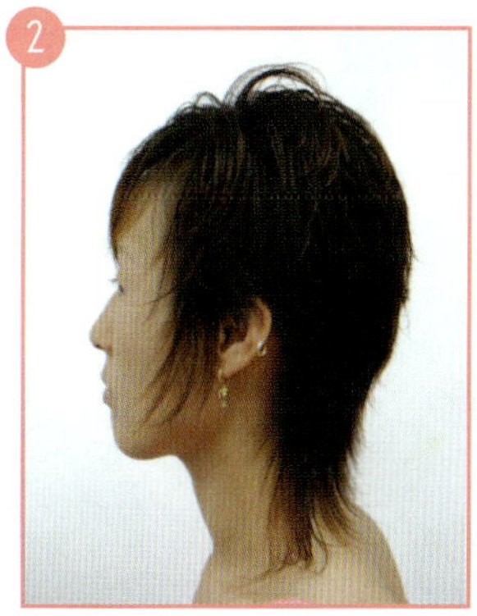

2) 크리에이티브 컬러(Creative Color)

· 커트가 완성된 상태에서 컬러링은 크리에이티브 스타일에 맞는 베이스 섹션을 나눈다.
· 모근에서 2cm 띄고 모발끝 부분까지 중간, 밝은 톤으로 손상되지 않게 블리치 한다.
· 산성컬러 제품 등으로 모근 쪽에서부터 다크, 미디엄, 라이트, 하이라이트 순으로 컬러링제를 도포하고 장시간 방치하면 깊은 명암의 컬러링이 완성된다.

(1) 블리치

· 섹션의 폭은 1~2cm 정도로 나눈다.
· 섹션 전체의 길이중 1/2 지점은 블리치제를 충분히 도포하고, 모근쪽으로는 소량 도포한다.
· 모발 끝으로 갈수록 명도 8, 10, 12 레벨 순으로 점점 밝아지도록 재도포 하면서 블리치 한다.
· 블리치가 밝게 되면 클리닉 제품을 도포하여 모발의 손상을 줄인다.

① 블리치 그래픽

② 블리치제 조제 및 도포방법

a. 블리치제 조제 비율 - 가루 블리치 : 산화제 = 1 : 2
b. 1차도포 - 조제된 블리치제를 모근쪽 2cm 띄고 모발 위아래 충분히 도포 후 호일 접기한다.
→ 열처리 3~4분 → 자연방치 20분 → 타올로 블리치제를 닦아낸다.
c. 2차도포 - 새로운 블리치제 조제 시 소량의 트리트먼트를 첨가하고 1차 도포위치에서 2cm 정도 띄고 도포한다. 자연방치 하여 탈색 정도를 관찰 한다.
d. 3차도포 - 트리트먼트를 첨가하여(약액의 1/4 양) 모발 끝의 4~5cm 정도만 도포한다. 자연방치 하고, 12레벨 정도되면 샴푸한다.
e. 모발 끝부분에 트리트먼트 영양제를 듬뿍 도포하여 장시간 방치한 후에 헹군다.

③ 베이스 컬러(Base Color)

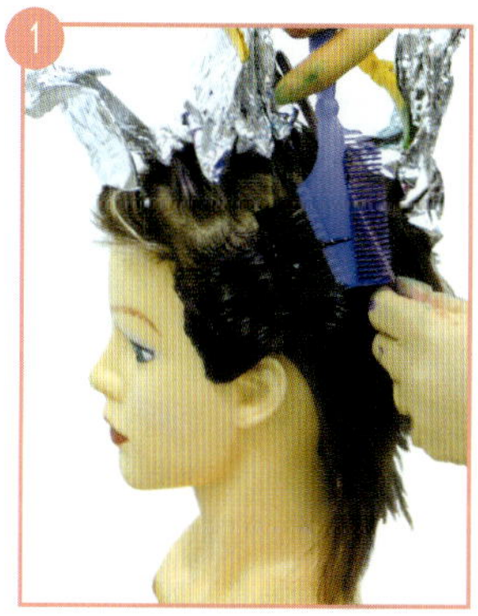

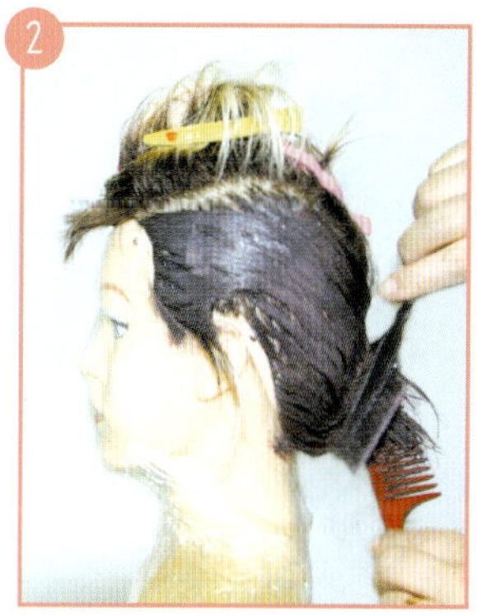

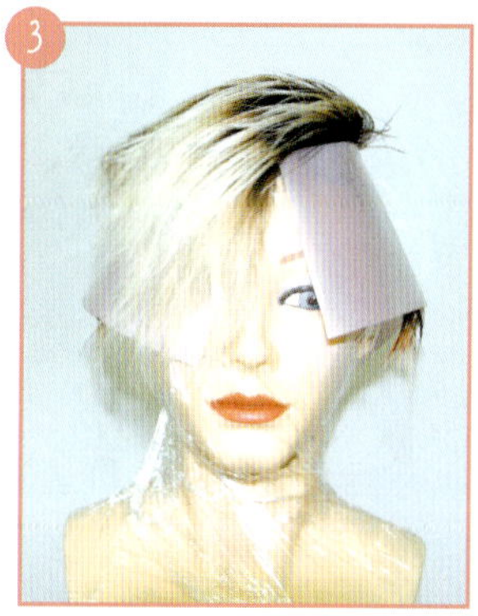

a. 헤어라인 주위에 두피 및 피부 보호크림을 바른다.
b. 베이스 : 섹션을 제외한 사이드, 백, 네이프 전체를 컬러링된 색상과 연결되는 가장 어두운 색상을 도포한다.

(2) 컬러 색상 도포하기

① 컬러링 : 레드, 오렌지, 옐로우 오렌지, 하이라이트

a. 탈색된 부분을 1~1.5cm 정도씩 패널, 파팅, 슬라이스를 나눠서 두피부터 모발 끝 부분까지 레드, 오렌지, 옐로우 오렌지, 하이라이트 순으로 컬러 제품을 도포한다.
b. 하이라이트쪽 끝 모발에는 투명산성컬러제 또는 색상이 스며들지 않도록 크림을 도포하고 호일을 분리 포장한다.
c. 도포 후에는 모발을 위로 똑바로 세워서 방치하고 샴푸할 때도 하이라이트 색상이 스며들지 않도록 주의한다.
d. 색을 깊게 안착시키기 위해 장시간 방치한다.

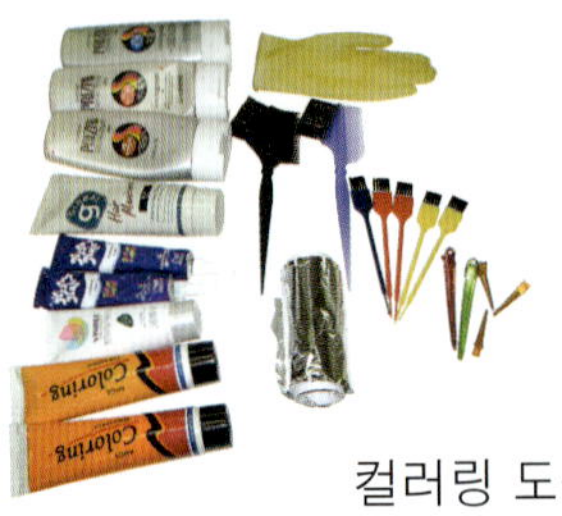

컬러링 도구

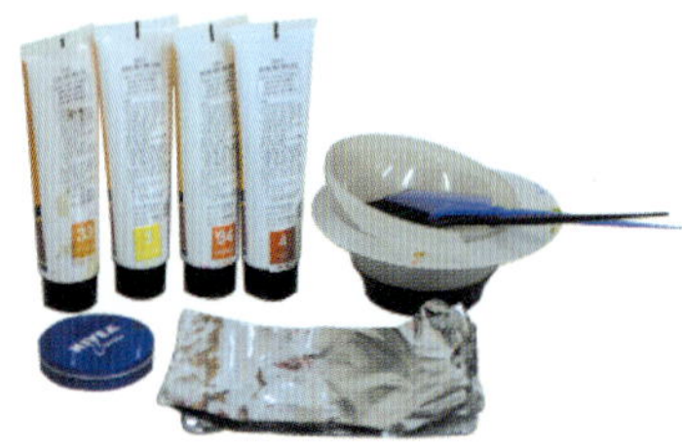

컬러 제품 선택

색상 조제

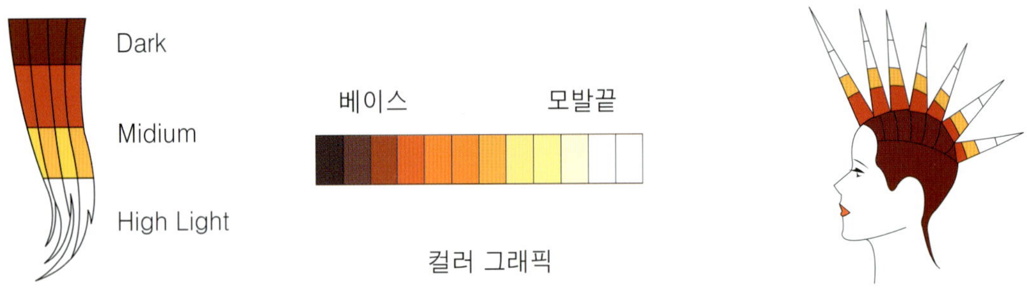

컬러 그래픽

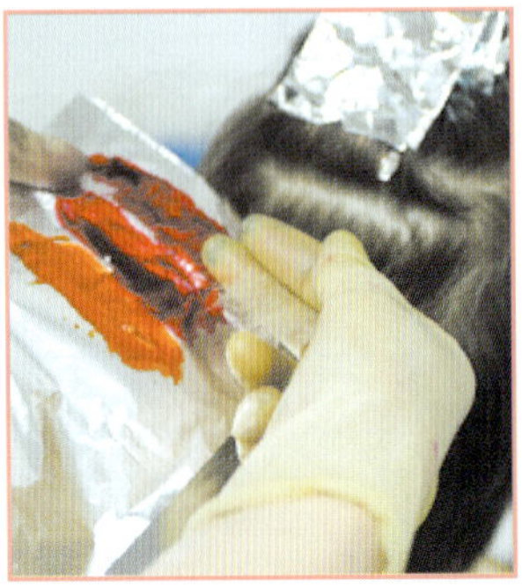

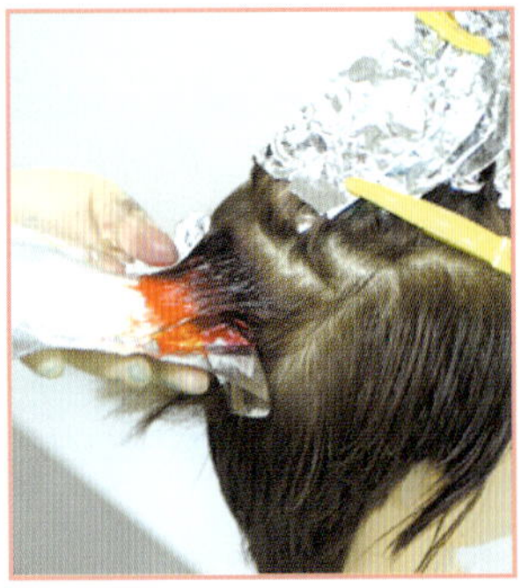

컬러링 도포과정

컬러링 완성

3) 크리에이티브(컨슈머) 드라이 과정

(1) 양면 브러시

① 좌, 우, 네이프 사이드, 크라운~사이드

a. 양면 브러시의 빗살이 짧은 쪽으로 귀뒤에서 네이프 사이드까지 전대각 섹션을 3회 정도 나누어서 모발끝 쪽으로 C,J컬의 움직임으로 밀착시킨다.

b. 옆 사이드는 수직섹션으로 2회 정도 나누어 C컬의 움직임으로 헤어라인 쪽으로 밀착시킨다.

c. 반대편도 같은 동작으로 네이프 사이드, 크라운, 옆사이드 순으로 양면 브러시로 밀착된 동작을 보여준다.

② 전두부

a. 수평 섹션으로 3회 정도 나누어 브러시 짧은 쪽으로 모근쪽을 두피에 밀착시키며 큰 C,J컬의 흐름으로 몰딩 한다.
b. 톱쪽과 자연스럽게 연결시킨다.
c. 드라이와 브러시의 움직임이 같은 방향으로 완성된다.

③ 톱

a. 톱의 컬러링 된 부분에서 유니폼 레이어 커트된 부분은 수직으로 톱 → 전두부 쪽으로 들어 올리며 부채 모양의 매쉬를 가벼운 느낌으로 몰딩 한다.
b. 양 크라운 컬러링 된 두피쪽은 유니폼 레이어된 부분을 남기고 좌, 우 컬의 흐름으로 입체적인 하트 모양을 만든다.

(2) 롤 브러시 드라이 과정

① 좌,우, 네이프, 사이드, 크라운

a. 양면 브러시 몰딩에 이어서 라운드 브러시로 드라이 한다.
b. 귀뒤에서 네이프 사이드 까지 전대각 섹션 2~3회 정도로 C,J컬의 움직임으로 두피에 밀착시킨다.
c. 네이프 라인 전대각 라인의 끝 모발은 가볍게 아웃컬로 드라이 한다.
d. 옆 사이드도 얼굴쪽으로 밀착시켜 C컬 동작으로 드라이 한다.
e. 양쪽네이프, 사이드, 크라운, 옆사이드 같은 동작으로 라운드 롤 브러시로 드라이 하여 매끈하고 안정된 드라이를 시술한다.

② 전두부

a. 오른쪽 사이드 파트를 중심으로 전두부 모발량이 많은 쪽은 2~3회의 후대각 섹션으로 직각분배 큰 C,J컬의 라운드 아웃컬 드라이를 가볍게 하여 모발끝부분을 입체적으로 가벼운 아웃컬을 형성한다.
b. 왼쪽사이드 부분도 롤 브러시로 약 2회 정도 둥글고 가볍게 C,J의 흐름으로 드라이 하고 모발끝 하일라이트 부분은 위로 향하여 가볍게 C컬로 날려 드라이한다.

③ 톱

- 백에서 → 유니폼 레이어된 모발은 뿌리부분으로 세워서 모발 끝이 위로 향해 양쪽 방향에서 입체적인 부채 모양으로 가벼운 느낌으로 드라이 한다.

4) 스타일링 매쉬 따라하기

빗살 간격이 약간 넓은 빗을 선택하고 광택 스프레이와 고정 스프레이를 사용 두상에 밀착감과 볼륨, 매쉬를 만들며 전체적으로 삼각형이나 다이아몬드 형을 이루는 입체적인 크리에이티브 작품을 완성한다.

전체적으로 광택 스프레이를 뿌린다.

① 양 크라운, 네이프 사이드

a. 귀뒤에서 네이프 커트라인까지 C,J컬을 형성 좌, 우 방향을 모아 두피에 매끄럽게 밀착시킨다.
b. 사이드는 드라이된 모발을 모델의 얼굴과 개성에 맞는 형 C,J컬을 연출하며 입체적인 느낌과 부드러운 이미지의 스타일을 연출한다.
c. 컬러링 된 부분을 소량 내려서 간격 넓은 빗으로 빗어주고 엄지와 검지손가락 끝을 모아 가늘게 C라인을 입체적으로 잡아 배열한다.

② 전두부

a. 간격이 넓은 빗살을 이용 큰 좌, 우 C컬로 빗어준다.
b. 톱 아래 얇은 소량의 사선 판넬의 1/2 위치에 대각으로 검지와 중지 손가락으로 잡고 하일라이트 부분을 좌, 우로 모발을 골고루 얇게 펼쳐주어 뭉치거나 갈라지지 않게 은행잎 모양을 연상하며 넓게 펼쳐준다.

c. 전체적으로 톱에서 전두부 쪽으로 대각의 지그재그 교대 흐름으로 교차하면서 톱부분이 가장 높고 전두부 쪽으로 내려오면서 점점 낮은 삼각형 또는 마름모, 다이아몬드형으로 균형을 잡아준다.
d. 반대쪽 사이드 부분은 전두부쪽과 연결시키며, 방향과 균형감을 맞추어 매쉬를 표현한다.
e. 전, 후 사이드 부분의 전체적인 구도가 균형미를 갖추어 매끄러움과 입체적이고 예술적으로 표현한다.

③ 완 성

a. 광택과 고정 스프레이를 사용, 프린지를 큰 C,J로 입체적인 느낌으로 고정시킨다.
b. 톱을 향해 좌우 2개 정도씩 2cm 가량 판넬를 잡고 왼손 검지와 중지로 고정하고, 양쪽으로 펼치며 뿌리에 고정 스프레이를 분사하고 매쉬를 은행잎의 느낌을 살려 깃털처럼 가벼운 느낌으로 매쉬를 만든다.

헤어 크리에이티브(컨슈머) 토탈 스타일 완성

20 년 월 일

작품 내용 :

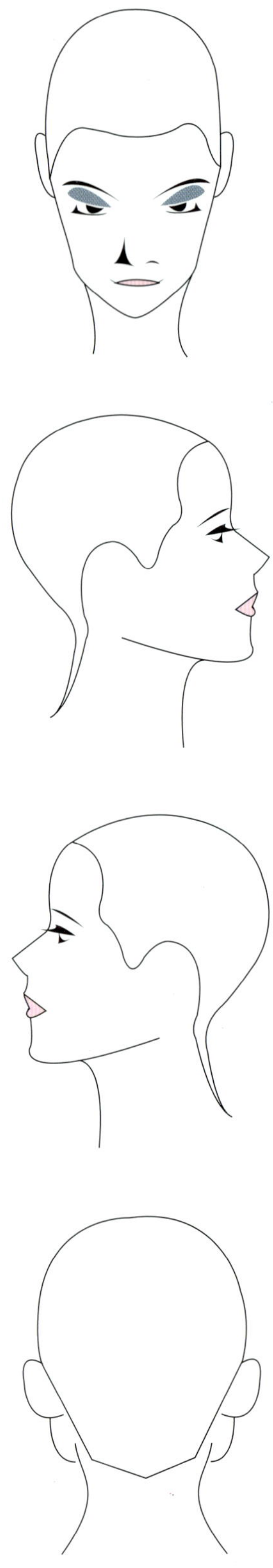

20　　년　　월　　일	
작품 내용 :	
전 면	
우측면	
좌측면	
후 면	

4. 헤어 크리에이티브(컨슈머) 과정 Ⅲ

커트, 드라이, 스타일링 완성

Before

After

단계별 과정

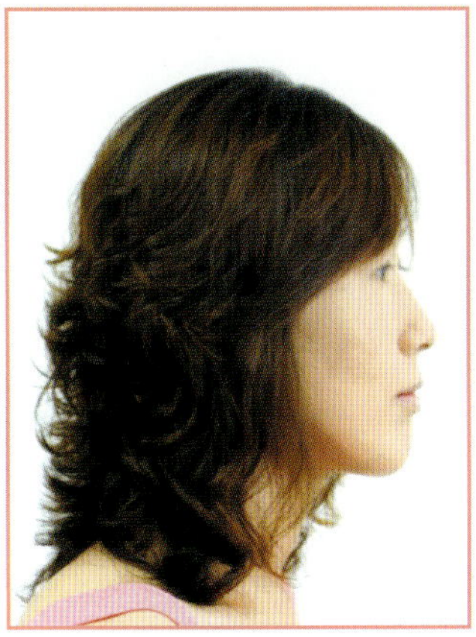

커트전 모델

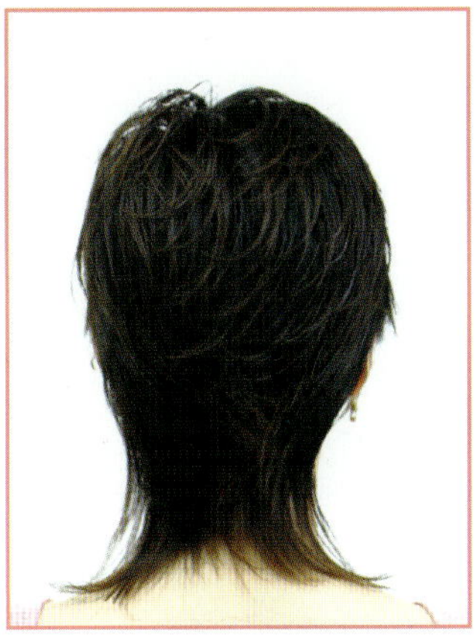

커트 완성

탈색 완성

컬러링 완성

드라이 과정

작품 완성

헤어 크리에이티브 커트(Hair Creative Cut)

Before

After

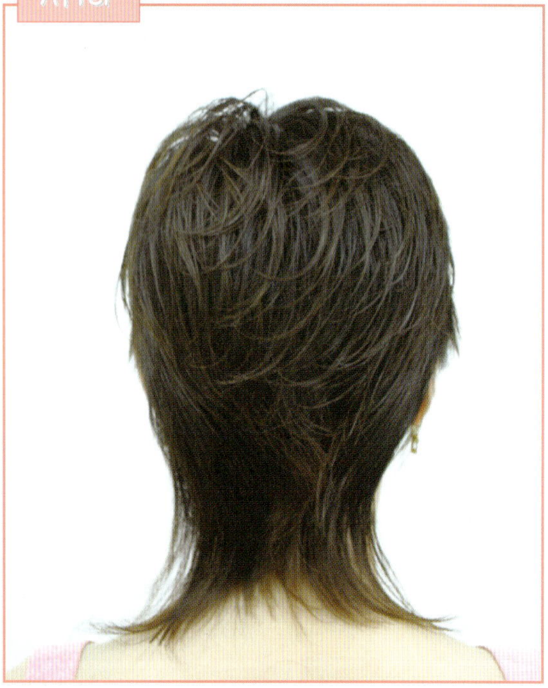

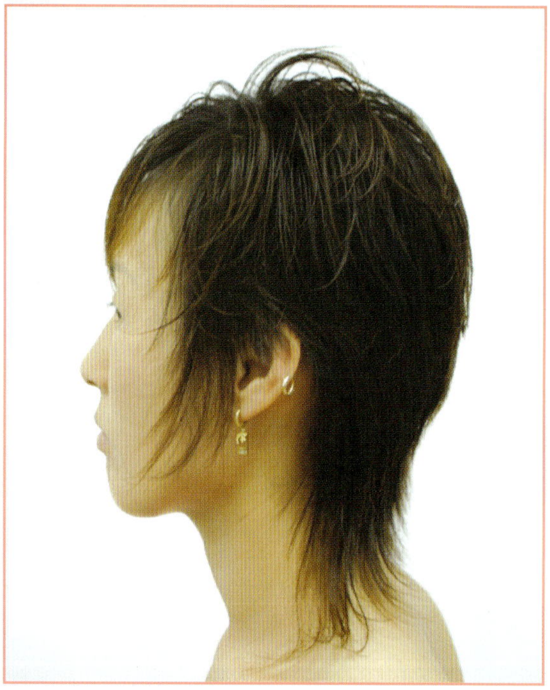

1) 헤어 크리에이티브 절차에 따른 커트

(1) 구조 그래픽(Structure)

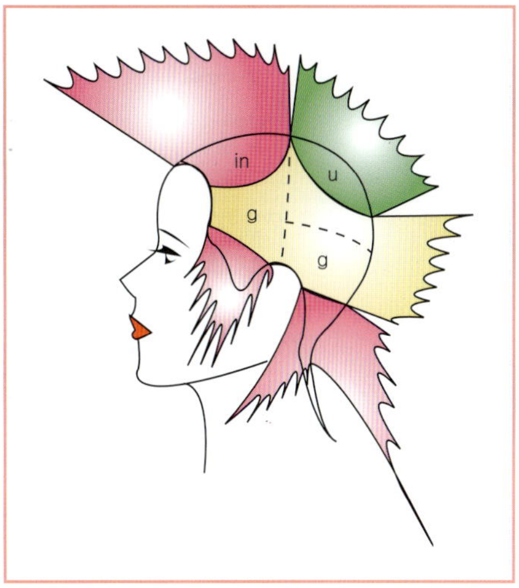

① 네이프와 전두부, 구렛나루는 인크리스 레이어형으로 질감 커트 한다.
② 백사이드는 그레쥬에이션 질감 커트 된다.
③ 톱, 센터 부분은 유니폼 레이어의 질감 커트 한다.
④ 전체적으로 샤기한 질감과 함께 인크리스, 그레쥬에이션, 유니폼레이어 길이의 구조를 나타낸다.

(2) 섹션(Section)

① 전두부 : 직사각형, 백 : 역삼각형 섹션
② 크레스트 라인에서 후두부까지 브이(V) 섹션으로 인테리어와 엑스테리어로 분리한다.
③ 이어 백 이어의 수평섹션하고 백은 센터로 나눈다.

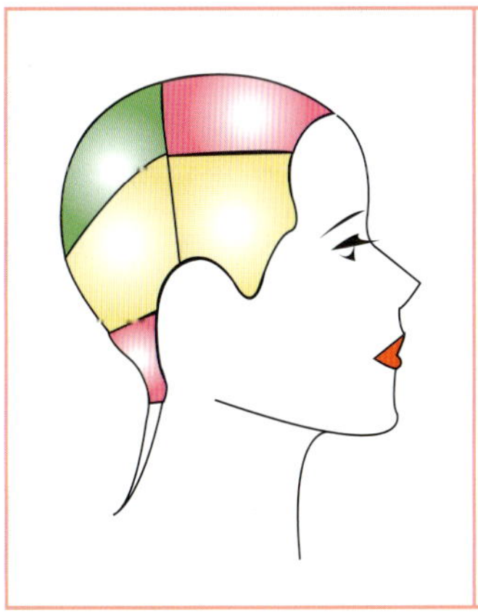

① 네이프 커트

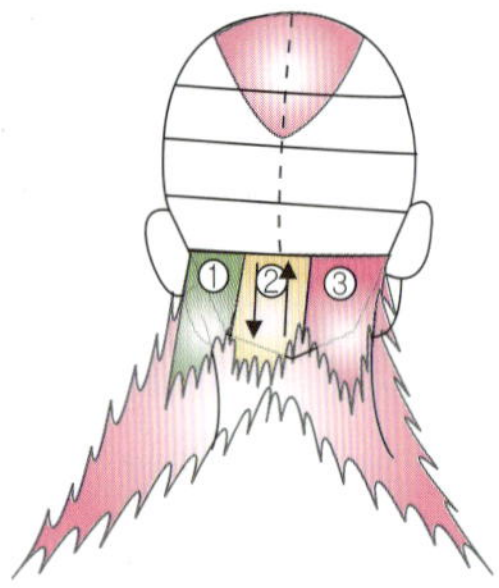

a. 수평 섹션하고 높은 각도로 인크리스 레이어, 레져 에칭 롱 스트록으로 한다.

b. 수평파팅, 수직분배, 이동디자인 – 중간 낮은 시술각 4~5cm 길이에서 시작. 사이드 코너 네이프 라인쪽으로 점점 길어지며, 샤기한 질감 커트 한다. 대각으로 크로스 체크와 컨케이브선의 자연스럽고 샤기한 느낌의 형태선으로 커트한다.

② 백 커트

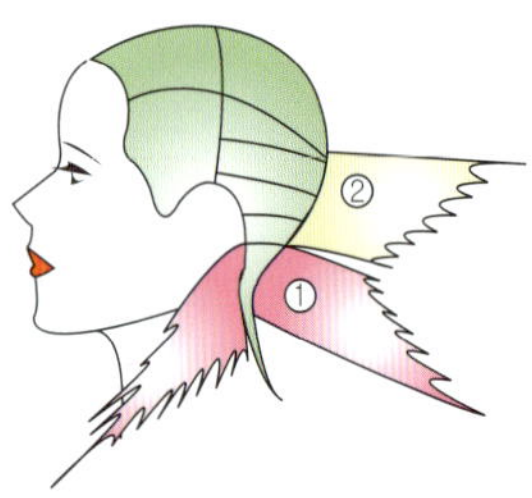

a. 그레쥬 에이션 레져 에칭 스트록 커트한다.
b. 수평파팅, 수직분배, 중간낮은 시술각으로 커트한다.
c. 손목에 힘을 주지 않고 가벼운 손의 움직임으로 샤기한 느낌의 질감 커트 한다.

d. ①의 인크리스 윗머리와 디스커넥션 커트로 샤기한 질감 커트 하고, 자연스럽게 연결한다.

e. 네이프는 레져 회전 기법으로 커트하여 두상 곡면에 부드러운 밀착감을 준다.

③ 사이드 커트

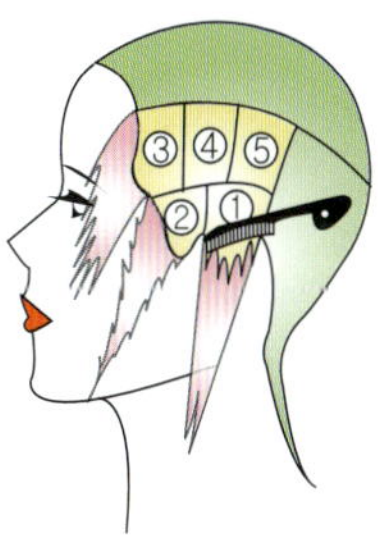

a. ①, ② 왼쪽 그래픽의 낮은 시술각, 레져 에칭 기법으로 그레쥬 에이션커트와 구렛나루 쪽으로 점점 길어지는 인크리스 레이어 커트를 한다.

b. ③ 헤어라인 쪽 수직 파팅, 낮은시술각, 레져 에칭 기법으로 광대뼈 위치 길이에서 구렛나루와 자연스럽게 연결시킨다.

c. 반대쪽도 ④, ⑤ 그래픽 그림의 중간 낮은 시술각 레져 에칭 스트록으로 그레쥬에이션 커트하면서 ①, ②번 윗머리 길이와 샤기한 질감으로 자연스럽게 연결시킨다.

④ 귀주변 형태선 정리

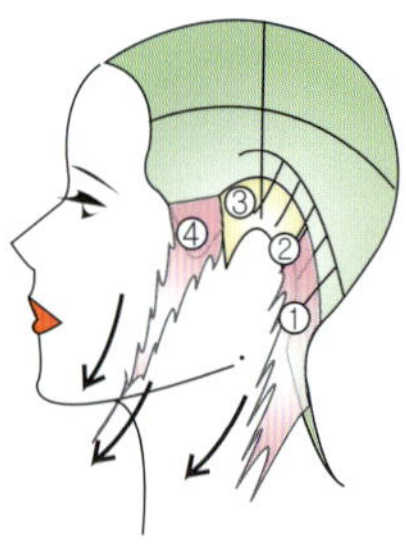

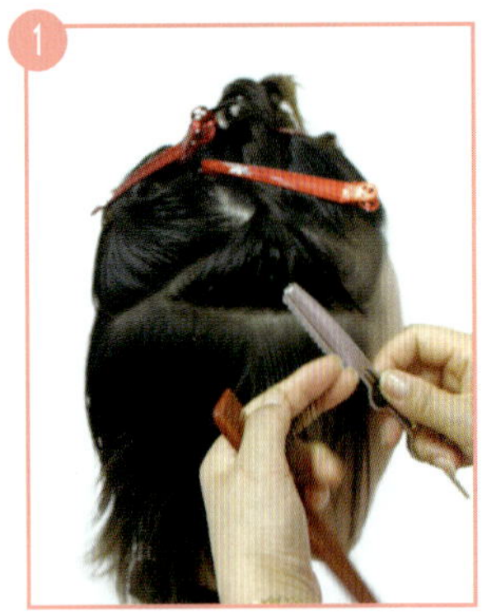

a. 자연 시술각과 레져 에칭 기법으로 촘촘하게 다듬는다.
b. 변이분배 ①과 네이프길이 연결, 네이프 코너 길이에 보호하며 가위 슬라이드 기법으로 정리한다.
c. ③은 ②의 앞쪽으로 끌어당겨 고정시켜 같은 기법 사용
d. 슬라이드 기법으로 구렛나루 주변을 가벼운 깃털 느낌의 질감을 나타낸다.
e. 반대쪽 후두부와 사이드 커트 역시 ②, ③, ④와 같은 절차로 커트한다.

⑤ 톱 : 유니폼레이어, 크라운 : 그레쥬에이션

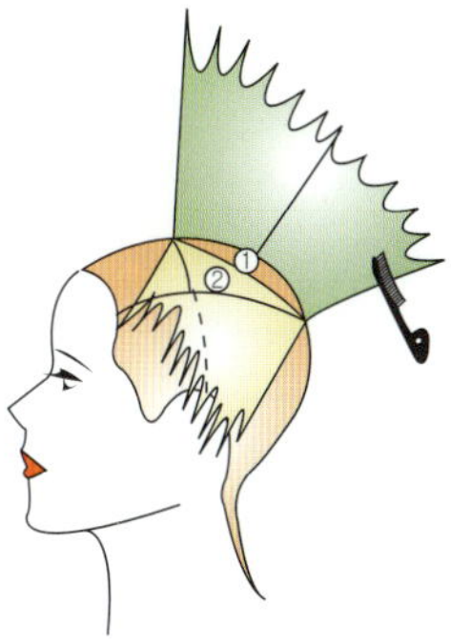

a. 톱(유니폼) : 수직파팅, 90˚ 시술각, 레저 에칭 기법, 백→톱으로 에칭 기법으로 동일한 형태로 샤기한 질감을 나타낸다.

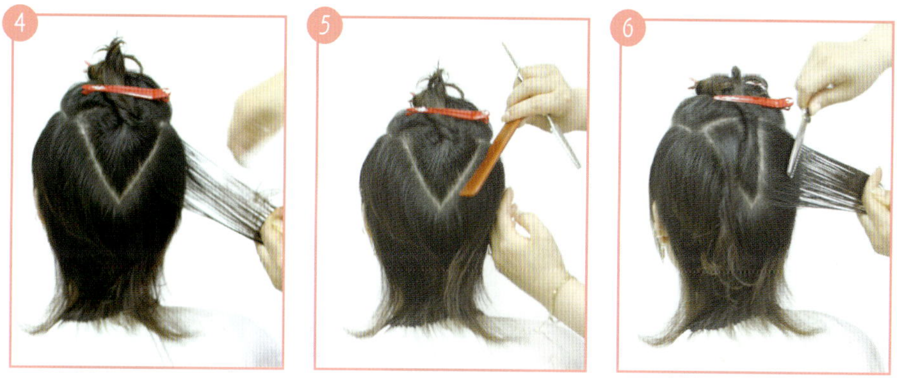

b. 크라운(그레쥬 에이션) : 중긴 낮은 시술각, 레저 에칭 스트록기법 크라운 아랫머리보다 길게 에칭 스트록 한다.

c. 톱을 중심으로 양쪽 크라운 같은 절차로 커트한다.
d. 커트된 상태에서 빗으로 몰딩 방향을 잡는다.

(3) 중간 몰딩(Molding) 과정

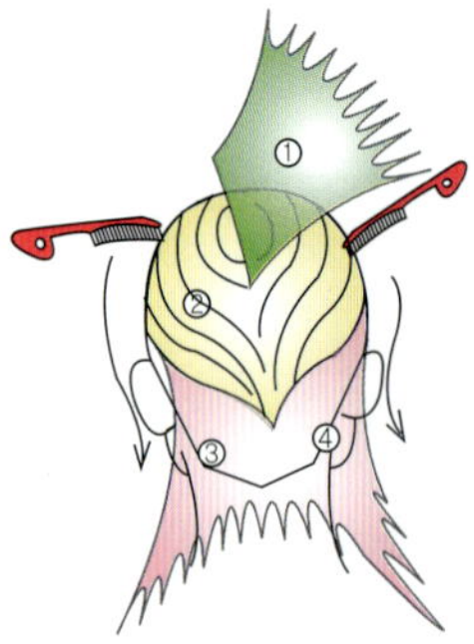

① '①' 톱의 유니폼 레이어된 부분은 위로 빗어 부채살 형태를 이루도록 빗는다.
② '②' 크라운의 그레쥬에이션 질감 커트된 부분은 센터로 모아지는 좌우 C컬의 자연스러운 움직임으로 하트 모양처럼 빗어준다.
③ '③, ④' 의 인크리스 레이어된 부분은 자연스럽게 빗어 좌우 네이프로 밀착시키며 끝머리는 가볍고 부드러운 A라인(컨 케이브) 형태로 나타낸다.

(4) 전두부 : 인크리스 레이어 롱 스트록 레져에칭 기법

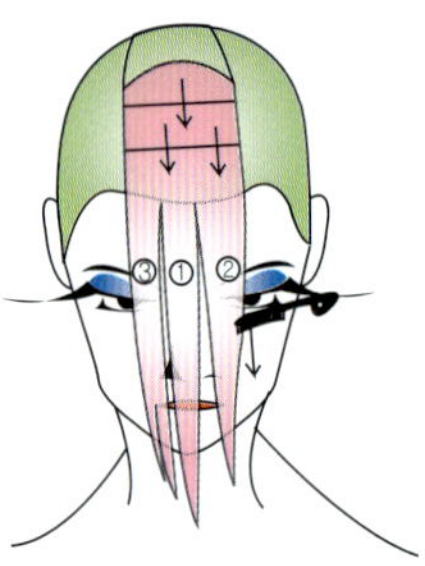

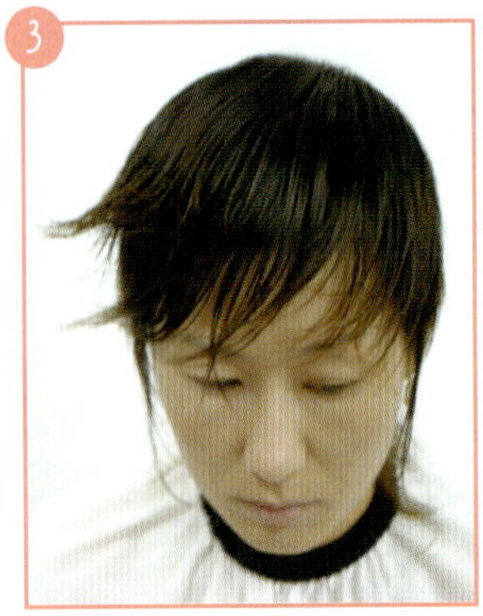

중간 낮은 시술각, 직각 분배, 질감내기 입술선 길이와 컨백스 형태로 가벼운 질감 커트한다.

(5) 전두부(인크리스 레이어)와 톱 연결

① 질감 내기 : 필링, 레져 에칭, 레져 회전 기법으로 질감 커트한다.

② 톱의 유니폼 레이어와 전두부에 필링 기법으로 길이 연결과 함께 인크리스 레이어로 레져 에칭 롱 스트록 질감 커트한다.

③ 전체적으로 형태선과 무거운 부분들을 레져 또는 테이퍼 가위로 질감 정리하고 커트된 선들이 깃털처럼 가볍고 입체적인 효과를 나타내도록 몰딩에 따른 방향을 잡아본다.

(6) 완 성

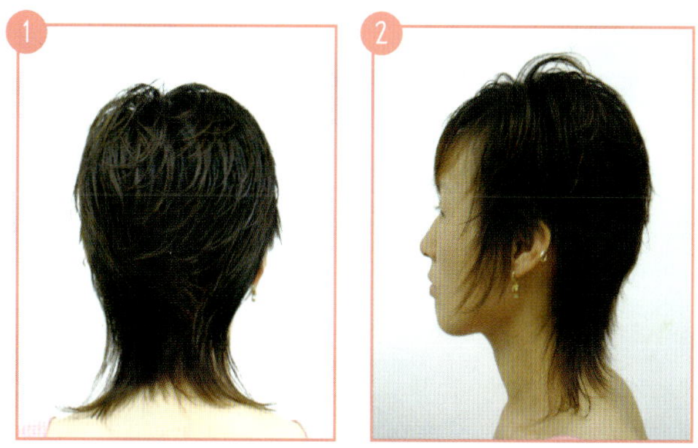

2) 크리에이티브 컬러(Creative Color)

· 커트가 완성된 상태에서 컬러링은 크리에이티브 스타일에 맞는 베이스 섹션을 나눈다.
· 모근에서 2cm 띄고 모발끝 부분까지 중간, 밝은 톤으로 손상되지 않게 블리치 한다.
· 산성컬러 제품 등으로 모근 쪽에서부터 다크, 미디엄, 라이트, 하이라이트 순으로 컬러링제를 도포하고 장시간 방치하면 깊은 명암의 컬러링이 완성된다.

(1) 블리치

· 섹션의 폭은 1~2cm 정도로 나눈다.
· 섹션 전체의 길이 중 1/2 지점은 블리치제를 충분히 도포하고, 모근쪽으로는 소량 도포한다.
· 모발 끝으로 갈수록 명도 8, 10, 12 레벨 순으로 점점 밝아지도록 재도포 하면서 블리치 한다.
· 블리치가 밝게 되면 클리닉 제품을 도포하여 모발의 손상을 줄인다.

① 블리치 그래픽

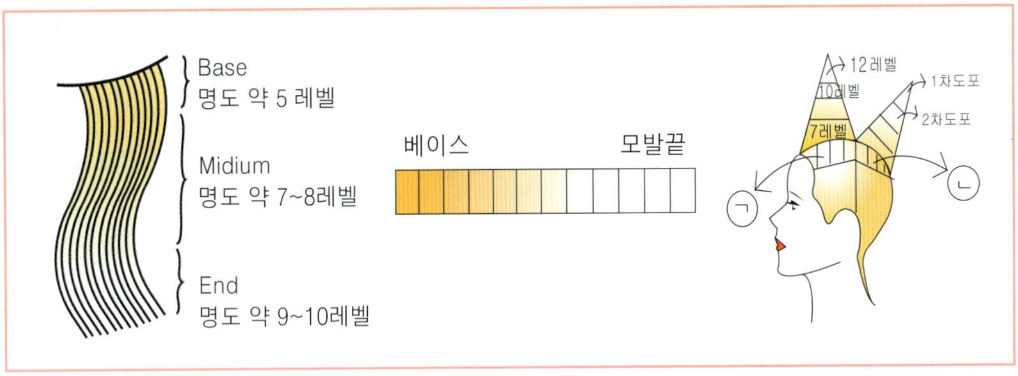

② 블리치제 조제 및 도포방법

a. 블리치제 조제 비율 - 가루 블리치 : 산화제 = 1 : 2
b. 1차도포 - 조제된 블리치제를 모근쪽 2cm 띄고 모발 위아래 충분히 도포 후 호일 접기한다.
→ 열처리 3~4분 → 자연방치 20분 → 타올로 블리치제를 닦아낸다.
c. 2차도포 - 새로운 블리치제 조제 시 소량의 트리트먼트를 첨가하고 1차 도포위치에서 2cm 정도 띄고 도포한다. 자연방치 하여 탈색 정도를 관찰 한다.
d. 3차도포 - 트리트먼트를 첨가하여(약액의 1/4 양) 모발 끝의 4~5cm 정도만 도포한다. 자연방치 하고, 12레벨 정도되면 샴푸한다.
e. 모발 끝부분에 트리트먼트 영양제를 듬뿍 도포하여 장시간 방치한 후에 헹군다.

③ 베이스 컬러(Base Color)

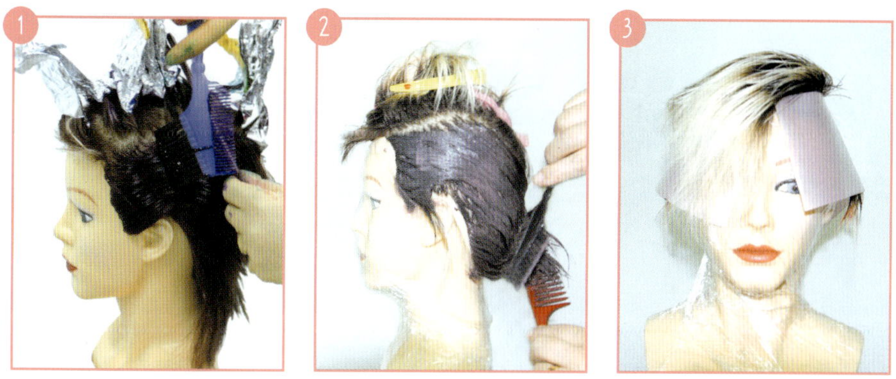

a. 헤어라인 주위에 두피 및 피부 보호크림을 바른다.
b. 베이스 : 섹션을 제외한 사이드, 백, 네이프 전체를 컬러링된 색상과 연결되는 가장 어두운 색상을 도포한다.

(2) 컬러 색상 도포하기

① 컬러링 : 블루 바이올렛, 바이올렛, 핑크, 하이라이트

a. 탈색된 부분을 1~1.5cm 정도씩 패널, 파팅, 슬라이스를 나눠서 두피부터 모발 끝 부분까지 블루 바이올렛, 바이올렛, 핑크, 하이라이트 순으로 컬러 제품을 도포한다.

b. 하이라이트쪽 끝 모발에는 투명산성컬러제 또는 색상이 스며들지 않도록 크림을 도포하고 호일을 분리 포장한다.

c. 도포 후에는 모발을 위로 똑바로 세워서 방치하고 샴푸할 때도 하이라이트 색상이 스며들지 않도록 주의한다.

d. 색을 깊게 안착시키기 위해 장시간 방치한다.

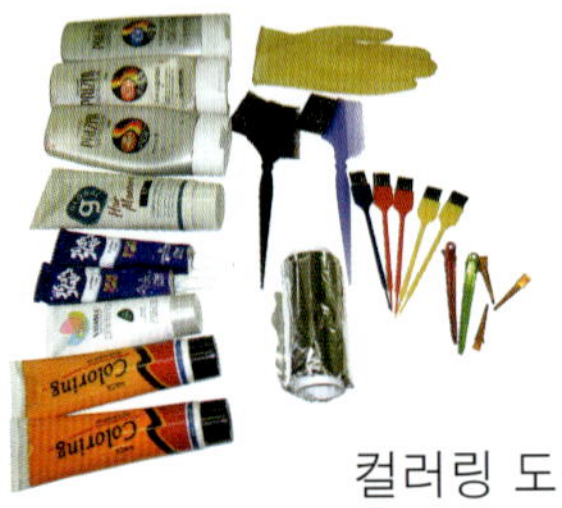

컬러링 도구

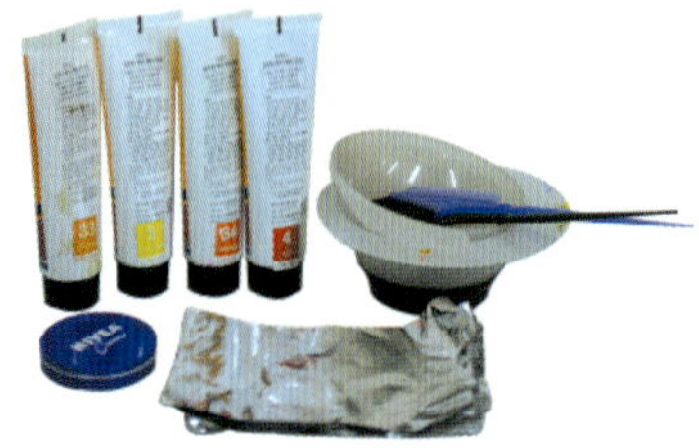

컬러 제품 선택

색상 조제

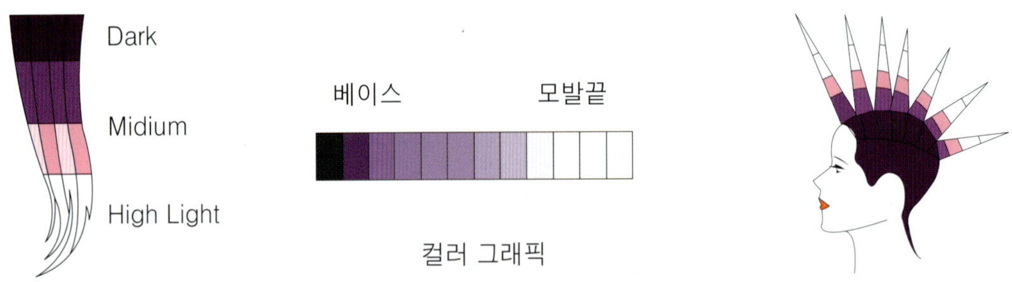

컬러 그래픽

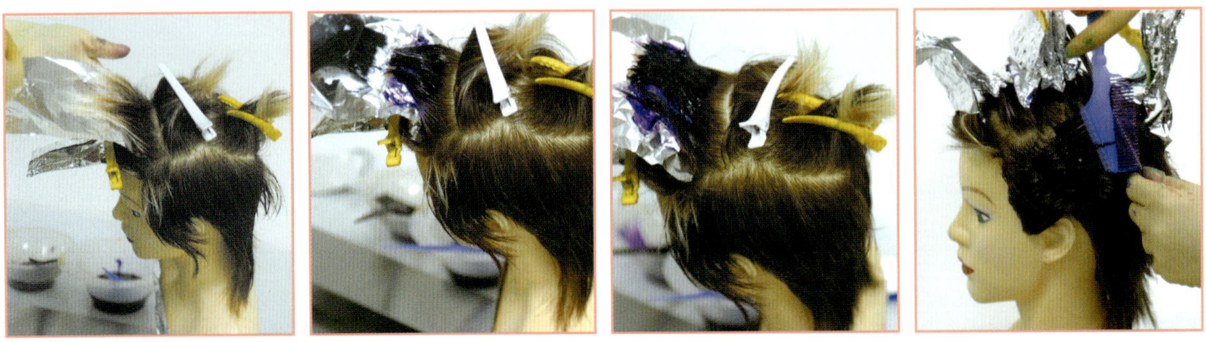

컬러링 도포과정

컬러링 완성

3) 크리에이티브(컨슈머) 드라이 과정

Before

After

(1) 양면 브러시 드라이 하기

① 귀뒤 네이프 사이드

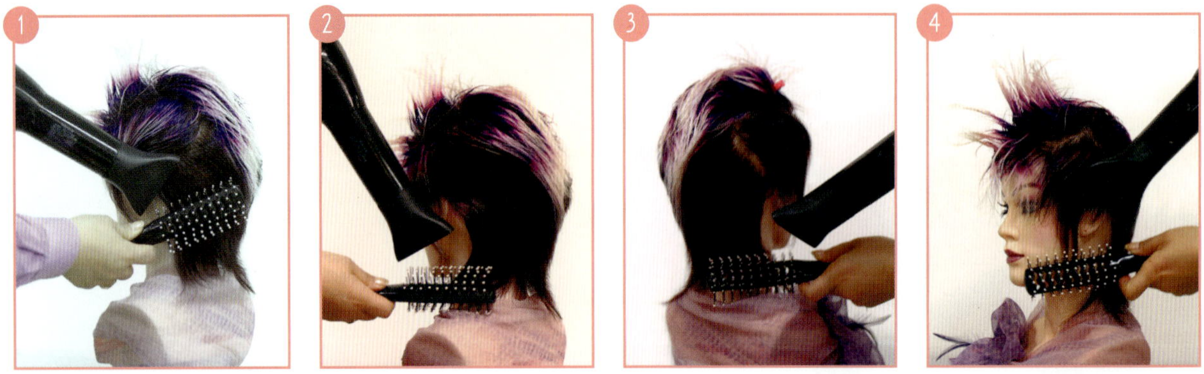

a. 양면 브러시의 빗살이 짧은 쪽으로 귀뒤에서 네이프 사이드까지 전대각 섹션으로 3회 정도 나누어 모발끝 쪽으로 C,J컬의 움직임으로 밀착시킨다.
b. 사이드는 수직섹션으로 2회 정도 나누어 C컬의 움직임으로 헤어라인 쪽으로 밀착 시킨다.
c. 반대편도 같은 동작으로 네이프, 사이드, 크라운, 옆사이드 순으로 양면 브러시로 밀착된 동작으로 시술한다.

② 전두부

a. 수평 파팅으로 3회 정도 나누어 브러시 짧은 쪽으로 모근쪽을 두피에 밀착시키며 큰 C,J컬의 흐름으로 몰딩한다.
b. 톱쪽과 자연스럽게 연결 시킨다.
c. 드라이와 브러시의 움직임이 같은 방향으로 완성된다.

(2) 롤 브러시 드라이 하기

① 귀뒤 네이프 사이드

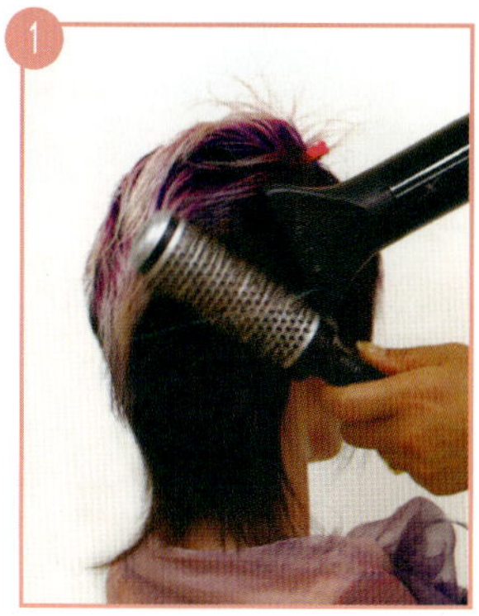

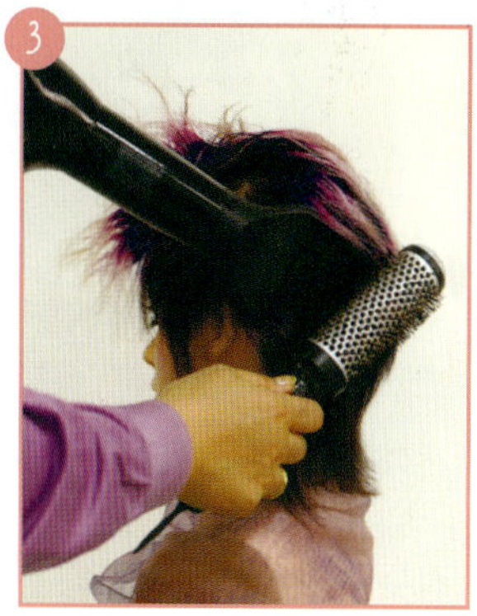

a. 알루미늄 롤 브러시를 사용하여 귀뒤에서 네이프 사이드까지 전대각 섹션을 2~3회 정도 모발끝 쪽으로 C,J컬의 움직임으로 밀착시킨다.

b. 사이드는 수직 파팅으로 2회 정도로 C컬의 움직임으로 헤어라인에서 볼 쪽으로 밀착, C라인으로 드라이 한다.

c. 반대편도 같은 동작으로 네이프 사이드 크라운, 사이드 순으로 롤 브러시로 밀착된 동작으로 드라이 한다.

② 몰딩

전두부의 매쉬 드라이 하기 전에 빗으로 방향을 몰딩한 다음 롤 브러시를 사용해 드라이 하므로 방향을 잡아 드라이 한다.

③ 전두부

a. 전두부 사이드에서 롤 브러시를 회전하며 모델 우측 방향의 원형으로 드라이 한다.
b. 프론트 전대각 섹션하고 모델 우측으로 둥글게 회전하며 드라이 하고 큰 C라인으로 1/2바퀴 돌려 모델 좌측 사이드까지 롤 브러시로 매끄럽게 드라이 한다.

c. 왼쪽 사이드와 연결 톱부분 까지 세워 C컬 드라이 한다.
d. 모델의 우측 원형 드라이 옆 모발 넓이 1.5cm, 길이 4cm 정도를 위로 볼륨을 형성시키고 점점 각도를 다운시키며 얇은 C컬의 드라이 한다.

④ 톱

a. 남은 모발은 좌측 사이드를 지나 시작 360° 원형으로 드라이 하며 끝부분을 톱으로 높고 얇게 빼준다.
b. 검지와 중지 손가락으로 얇게 펼쳐서 잡고 타원형으로 균형을 잡는다.

⑤ 톱→백

a. 양 크라운은 백톱, 전두부 쪽으로 C라인으로 둥글게 올려주며 좌우에서 톱을 향해 드라이 한다. 모발이 롤에서 빠질 때까지 롤을 회전하며 평행을 유지한다.

b. 톱, 백의 하이라이트 부분을 S라인으로 롤을 회전하며 매끄럽게 드라이 한다.
c. 백에서 네이프까지 하이라이트 부분을 S라인으로 매끈하게 연결드라이 한다.

4) 스타일링

① 네이프, 귀뒤 부분

a. 전체적으로 광택 스프레이를 분사하고 빗으로 형태를 정돈한다.
b. 귀뒤~네이프, 사이드 부분은 고정 스프레이를 분사하고 두상에 밀착시켜 C,J라인으로 네이프 코너 라인은 약한 아웃컬 한다.
c. 사이드는 모델 얼굴 이미지와 개성을 살려 C,J라인을 엄지와 검지로 붓끝처럼 각각 얇고 가늘게 잡는다.

② 톱, 백 스타일링

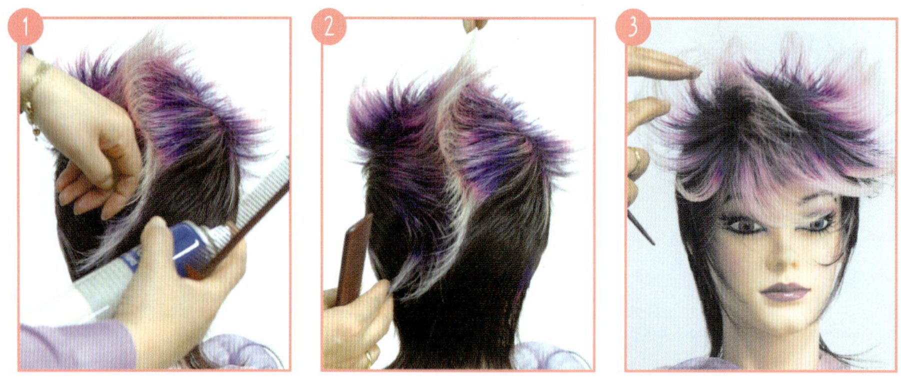

a. 톱, 백, 네이프의 하이라이트 부분을 S라인으로 세이핑한 후 스프레이를 분사하여 넓은 빗살로 선을 더욱 뚜렷하게 고정시킨다.
b. 모델의 우측사이드는 2cm 정도 매쉬를 잡아 모발의 흐름이 통일감을 이루도록 한쪽 방향으로 원을 그리듯이 섬세하게 펼쳐 스프레이로 고정시킨다.

③ 전두부 스타일링

a. 프린지 패널 아래 모근 쪽에 스프레이를 분사하고 넓은 빗살로 좌측까지 큰 C라인으로 이마로 내려가지 않게 입체컬을 형성한다.
b. 백에서 넘어온 S라인과 왼쪽 사이드끝 모발을 서로 연결시켜 가장 높게 자리 잡는다.

④ 톱 부분 스타일링

a. 톱쪽 원형 드라이된 부분을 둥글게 빗어준 다음 양쪽 검지와 중지 손으로 얇게 펼쳐 늘려 주면서 소용돌이 모양으로 가볍게 형태를 잡는다.
b. 전체적으로 가벼운 느낌의 율동감과 매끄럽고 입체감있는 컬러의 바이올렛 크리에이티브 창작스타일을 완성한다.

⑤ 완 성

헤어 크리에이티브(컨슈머) 토탈 스타일 완성

20 년 월 일

작품 내용 :

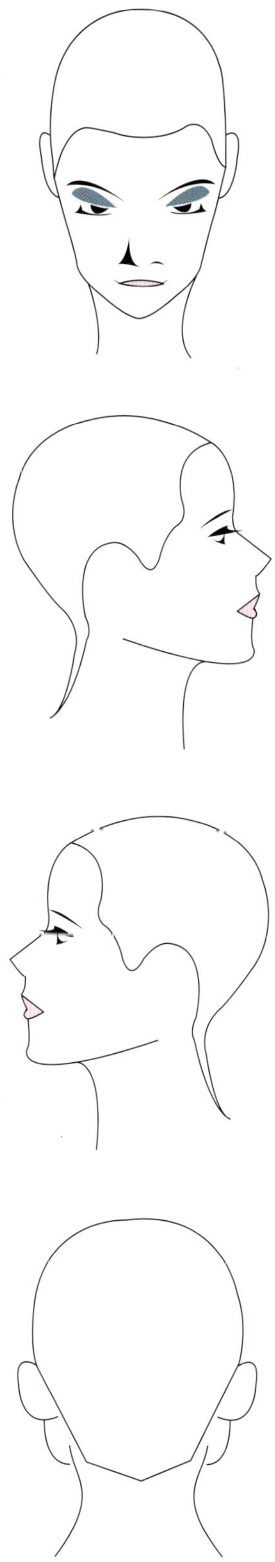

20　　년　　월　　일	
작품 내용 :	
전 면	
우측면	
좌측면	
후 면	

5. 헤어 크리에이티브(컨슈머) 과정 Ⅳ

커트, 컬러링, 드라이, 스타일링 완성

Before

After

단계별 과정

커트전 모델

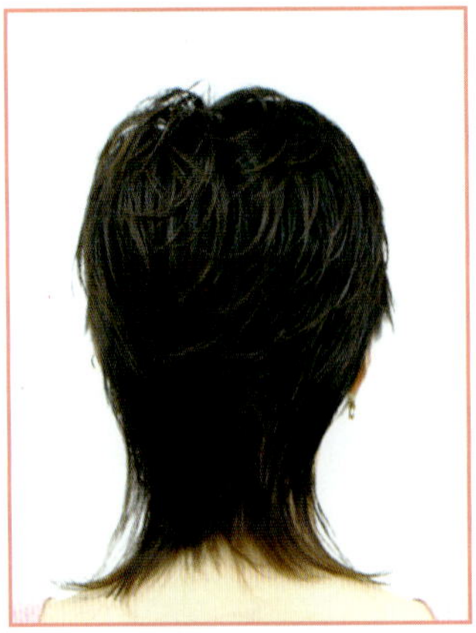

커트 완성

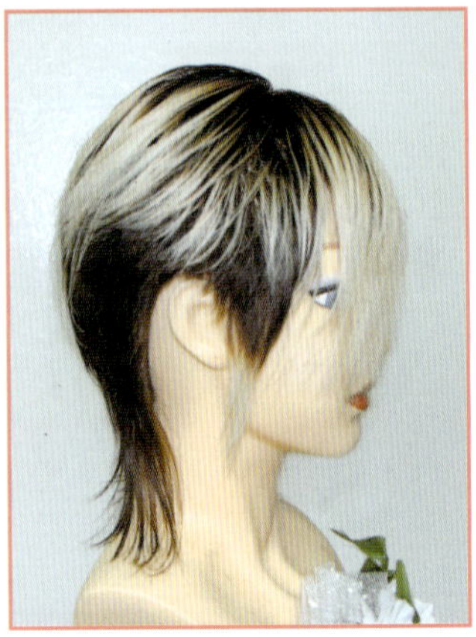

탈색 완성

컬러링 완성

드라이 과정

작품 완성

1) 크리에이티브(컨슈머) 커트 실전

(1) 구조그래픽 이해

크리에이티브 커트는 인크리스 레이어(Increase Layer), 유니폼 레이어(Uniform Layer), 그레쥬에이션(Graduation) 등의 혼합형(Combination Form)으로 약간의 시대별 유행에 따라 약간의 차이는 있으나 기법은 유사하다.

① 백에서 네이프는 그레쥬에이션과 인크리스레이어로 연결된 커트선이다.
② 톱과 프린지는 유니폼과 인크리스 레이어 커트로 진행되었다.
③ 사이드와 구렛나루 부분은 그레쥬에이션 커트과 인크리스 레이어로 연결된 질감 커트를 하였다.

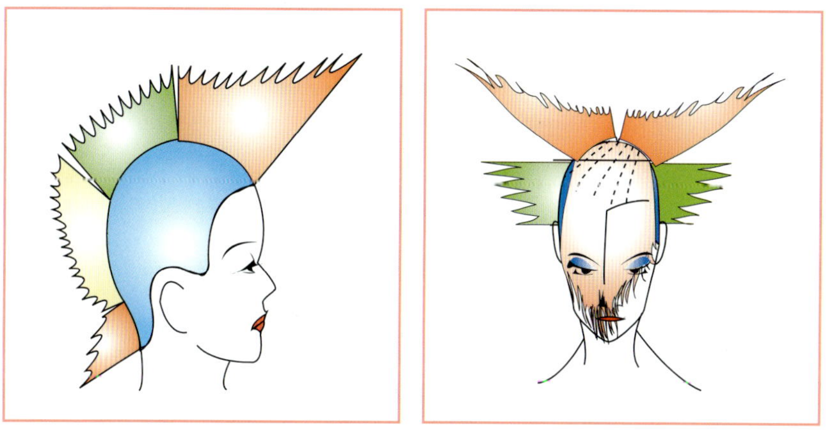

구조그래픽(Combination Structure)

(2) 위치에 따른 커트 길이

커트 베이스는 얼굴을 중심으로 라인과 포인트를 살려 구도에 따라 커트한다.

① 헤어 디자인 분석 - 시대의 흐름은 어떠한가? 개성, 장 · 단점 확인, 모질, 길이, 모발의 흐름, 골격, 발모 각도, 모발의 색, 창조성이 있는가?에 따른 기술적인 표현력을 살려 분석한다.
② 구성요소 - 점, 선, 면, 형태, 방향, 움직임, 공간, 칼라, 명암에 따른 요소

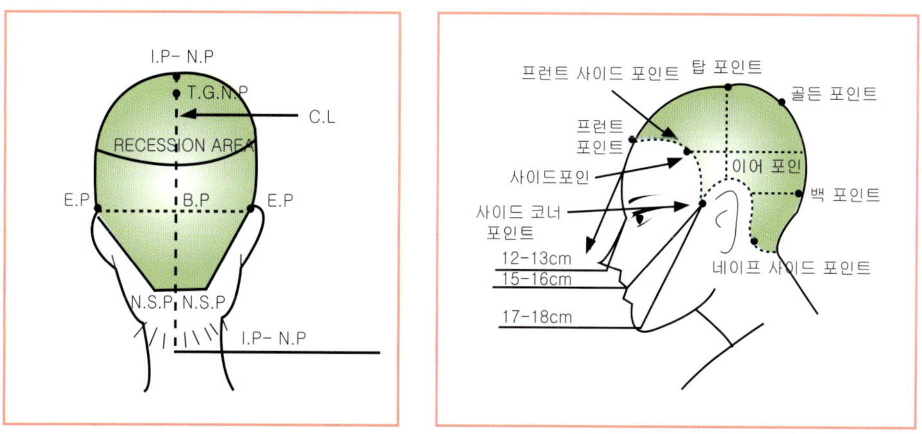

위치에 따른 커트 길이

a. 프론트(Front)

F. P에서 코 길이까지 12~13cm 정도

F. P에서 입술 길이까지 15~16cm 정도

F. P에서 턱선 길이까지 17~18cm 정도의 길이를 중심으로 샤기한 스타일로 커트한다.

b. 양 사이드(Side)

귀를 중심으로 S.C.P에서 입선까지 길이를 7~8cm부터 S.C.P에서 턱선을 중심으로 10~11cm 길이로 증가하면서 커트된다.

c. 백(Back)

T.P에서 N. P 22cm, N.P에서 가이드 모발 길이 6~8cm, 따라서 최종길이가 커트 기준이 된다.

잠깐! – 커트용어

– 커트 후 두상의 곡면에서 모발을 펼쳤을 때의 구조

① 인크리스 레이어 : 전, 후, 좌, 우에서 커트된 모발이 위는 짧고 아래로 점점 길어진다.

② 유니폼 레이어 : 두상의 곡면 위치에 따라 모든 길이가 동일하다.

③ 그레쥬에이션 : 전, 후, 좌, 우에서 위로 올라갈수록 점점 길어져 쌓여있는 커트 길이

④ 혼합형 : 하나의 두상에 ①②③ 커트 등을 혼합하여 디자인한다.

(1) 섹션(블로킹) 나누기

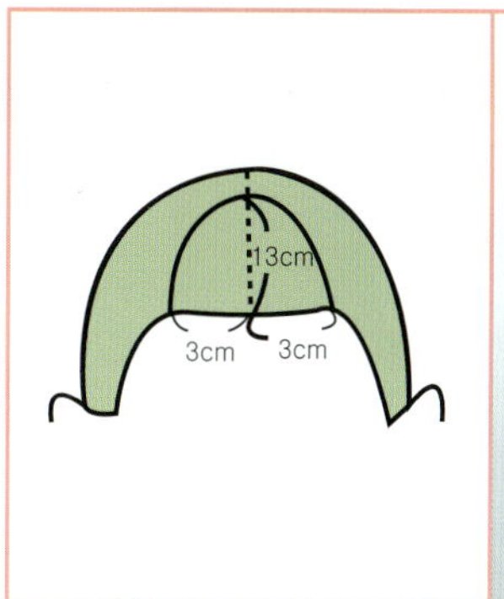

① 전두부 – 가마에서 프론트쪽으로 2cm 정도 앞에서 센터파트하고 센터에서 양옆으로 각각 3cm 정도 총 6~7cm 정도 둥근 삼각형 베이스로 섹션을 나눈다.

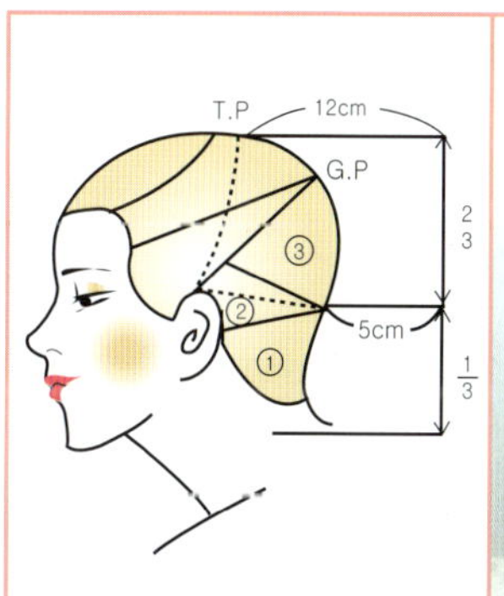

② 이어 투 이어로 나누고 톱 센터에서 후두골까지 수직 라인으로 섹션한다.

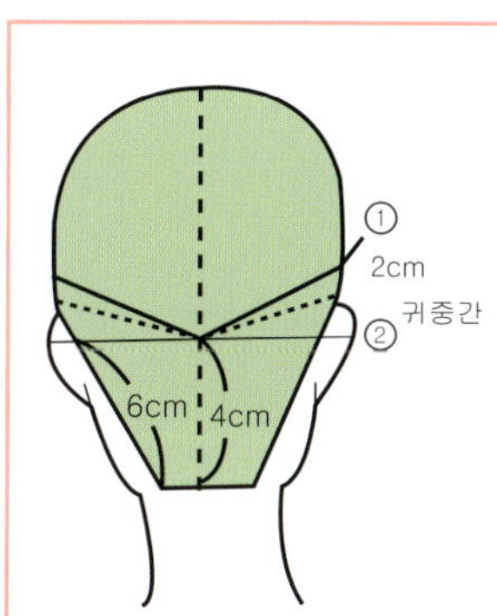

③ 백은 센터 파트하고 중앙 지점은 2cm 사이드 쪽으로 귀위 2cm 올리고 아래는 귀볼 중간까지 삼각으로 섹션한다.

(2) 위치에 따른 커트

① 네이프 커트

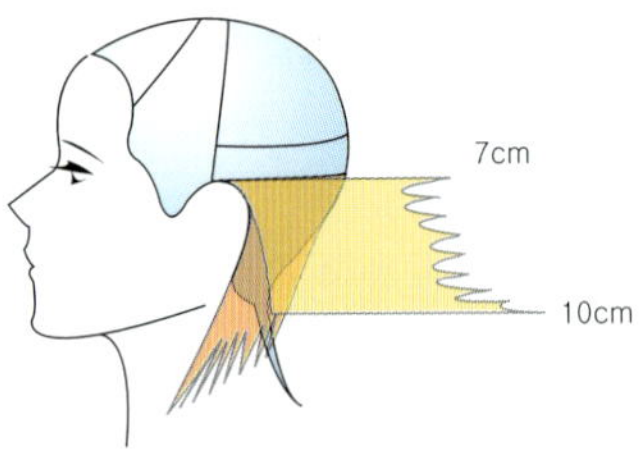

a. 먼저 네이프 중앙에서 수직으로 파팅한다.

b. 약 1~1.5cm 수직 패널을 잡아 온베이스도 양사이드 쪽으로 이동하면서 네이프 센터 길이 7~8cm로 레져 에칭 커트한다.

c. 네이프 코너 사이드쪽 두개의 패널을 각각 오프, 프리, 베이스로 코너 최종 길이 14~15cm로 레져 에칭 커트한다.

② 이어 백 이어 커트

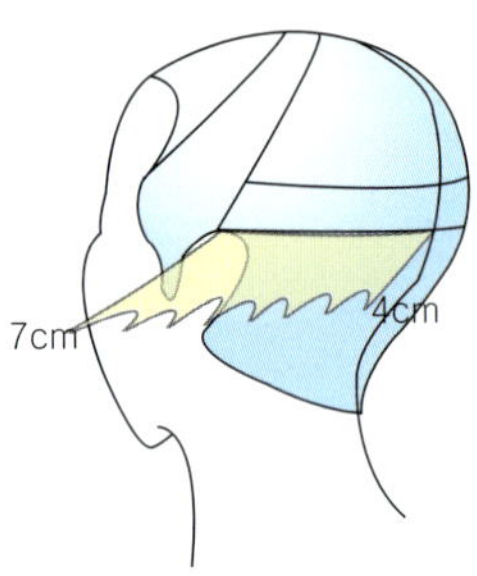

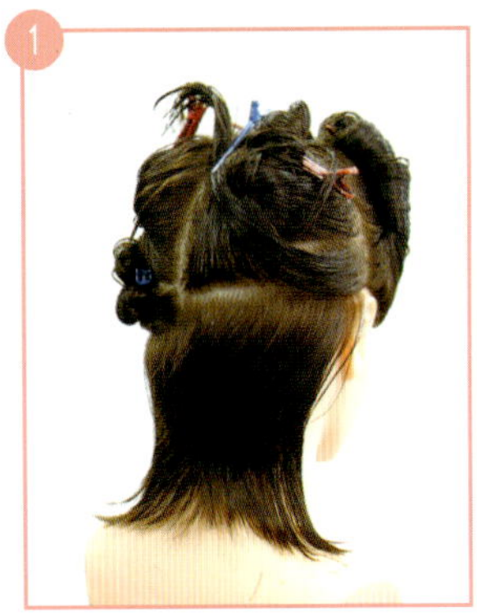

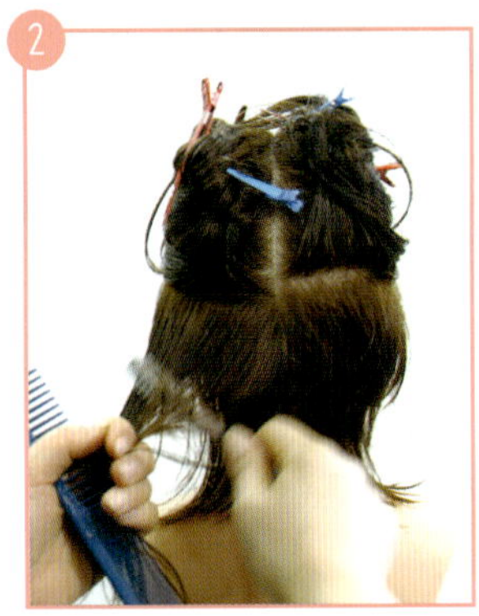

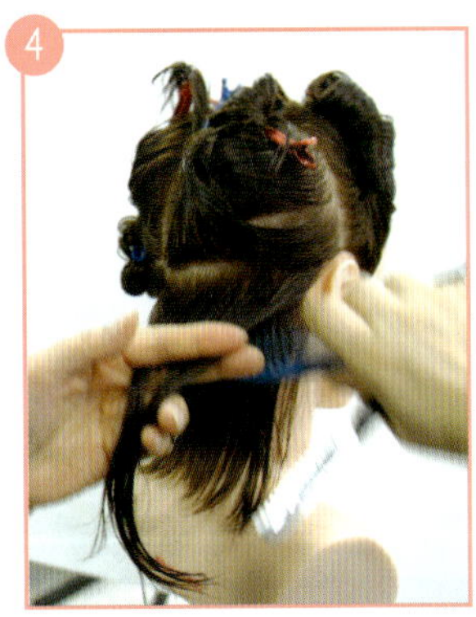

a. 두 섹션 수평으로 나누어 백 안쪽에서 귀 사이드(전대각 방향)로 레져 에칭커트 한다.

b. 삼각의 남은 윗부분도 수평으로 귀뒤에서 백 뒤쪽(후대각 방향)으로 레져커트 한다.

c. 귀 뒤에서 양쪽 네이프로 빗어 매끄러운 질감과 C라인으로 움직임이 자연스럽게 연결 됨을 확인한다.

③ 백~톱 커트

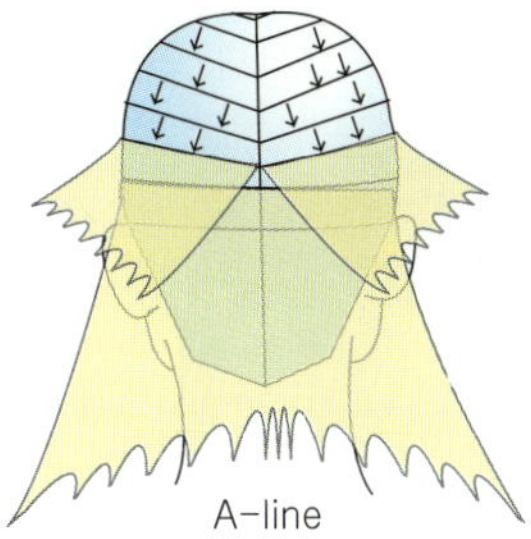

a. 후대각 파팅에서 직각 분배, 낮은 각도로 커트한다. 패널과 손가락은 후대각 파팅과 평행하게 잡고 아래 커트 길이에 맞춰 에칭 커트한다.

b. 커트하는 모양과 형태적 흐름을 빗이보며 C,S,J 라인으로 가볍게 커트되었는지 빗어 보며 확인한다.

c. 같은 방법으로 이어백 위치로 고정, 낮은 각도로 톱까지 가볍게 레져 에칭 커트한다.

d. 질감내기 : 사이드, 귀 뒤, 양 크라운사이드, 네이프 순으로 레져 회전 테크닉으로 부피감을 줄이고 두상에 매끄럽고 얇게 밀착되는 형으로 커트가 진행되어야 한다.

④ 양쪽 사이드

a. 전대각 파팅을 한 다음 귀볼 위에 1cm의 작은 삼각 베이스를 잡는다. 작은 삼각 베이스를 0°로 레져 에칭 커트하여 귀 위라인 1cm 길이로 커트 한다.

b. 나머지 모발도 2등분으로 나누어서 사이드 코너 길이가 짧아지지 않도록 조심스럽게 턱선으로 점점 길어지는 레져 에칭 커트하여 자연스럽게 연결시킨다(인크리스 레이어).

c. 볼쪽에서도 붓끝처럼 가벼운 느낌이 들도록 레져 에칭 커트한다.

d. 같은 방법으로 전대각 파팅하고 아래 낮은 시술 각도로 커트 선과 연결 점점 길어지도록 레져 에칭 커트한다(그레쥬 에이션).

e. 반대쪽 사이드 역시 같은 방법으로 진행한다.

⑤ 네이프 사이드

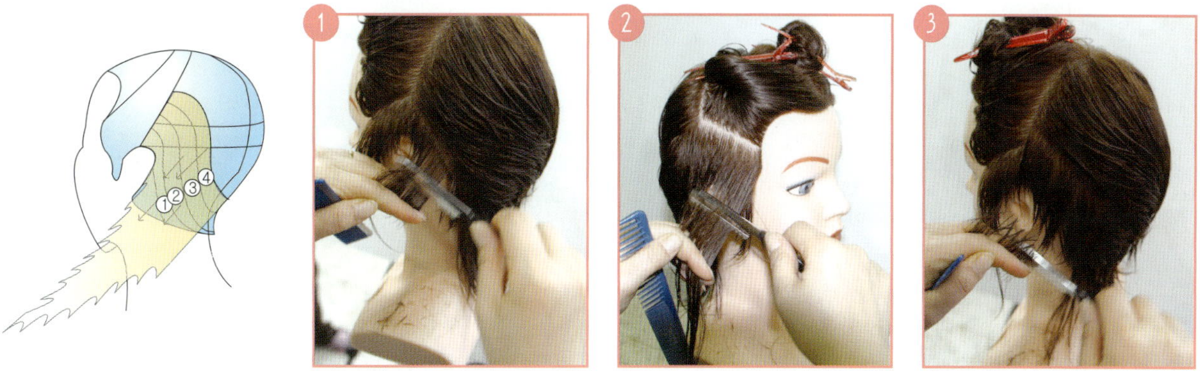

a. 귀 뒤에서 후대각 파팅하고, 변이 분배, 레저 에칭 기법으로 커트한다. 네이프 코너 길이를 보호하면서 레져 에칭 방법으로 자연스럽게 연결시킨다. 2~3회 같은 기법으로 다듬는다.

b. 반대쪽 귀 뒤 부분도 같은 방법으로 커트 한다.
c. 귓볼 부분은 가위나 테이퍼 가위로 질감 정리 한다.
d. 전체적으로 레져 에징 기법으로 실삼 정리 한다.

⑥ 전두부

a. 4~5개의 피봇, 방사형 파팅으로 나눈다.
b. 첫 번째 파팅은 톱 길이 약 12~13cm 정도 길이로 아래 길이에 맞춰 레져 에칭 스트록 기법으로 커트 한다.

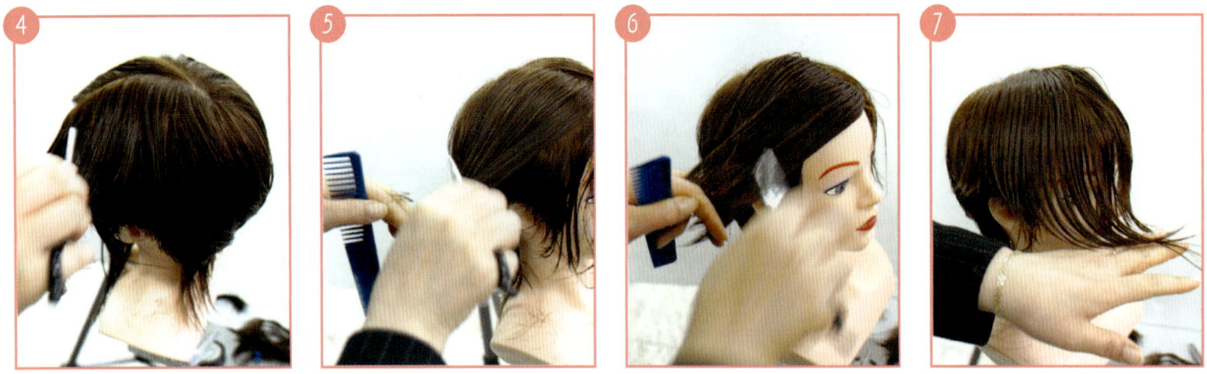

c. 톱에서 얼굴쪽으로 갈수록 턱선보다 2cm 정도 길게 커트한다.
d. 동일한 방법으로 고정하며 레져 에칭 커트한다.
e. 반대쪽도 동일한 순서와 방법으로 커트한다.

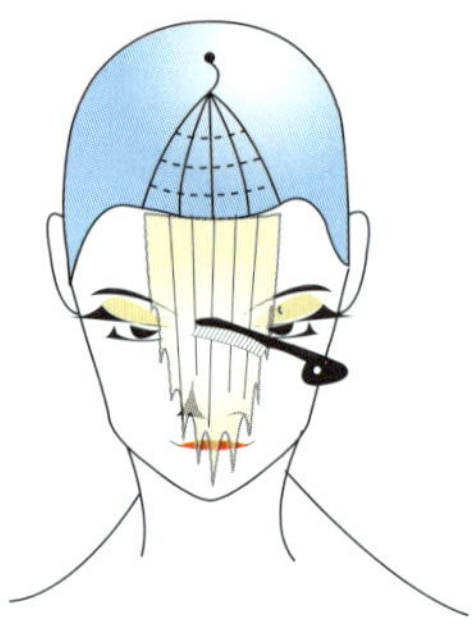

f. 앞머리를 내려 빗으면 머리 끝의 길이가 턱선에서 2cm 정도 길게 커트된다.
g. 양쪽 머리를 균형을 맞춰 V컨백스 라인으로 레져 질감 커트 한다.

⑦ 톱

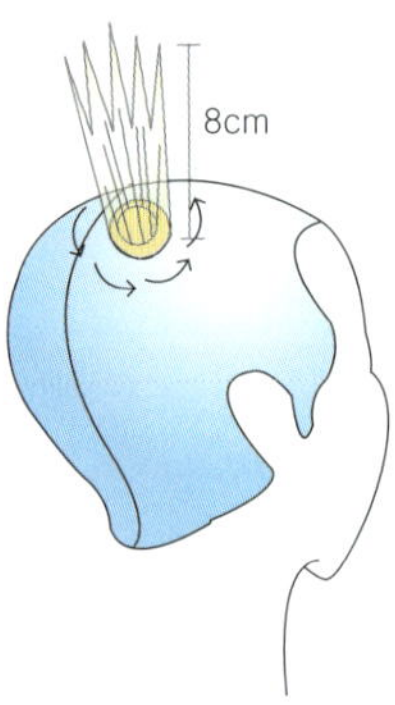

a. 톱의 중앙에서 우측으로 2cm 지점에 지름 2cm 정도의 형태를 위한 분수 위치를 잡는다.
b. 분수형 모발을 트위스트해서 레져 에칭으로 7~8cm 길이로 커트한다.

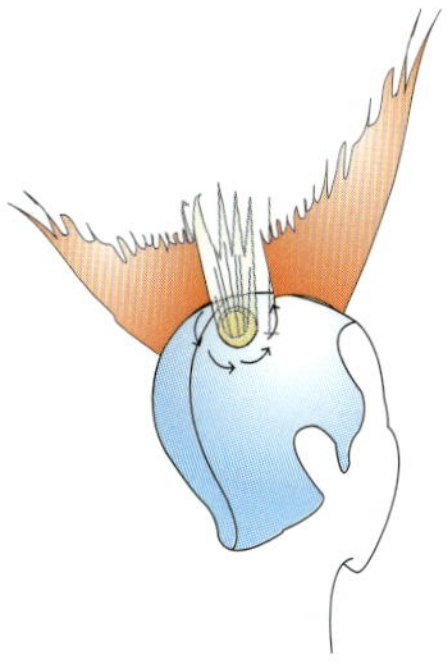

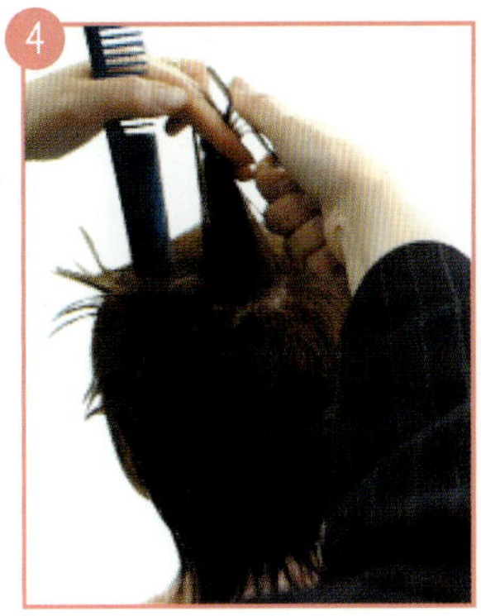

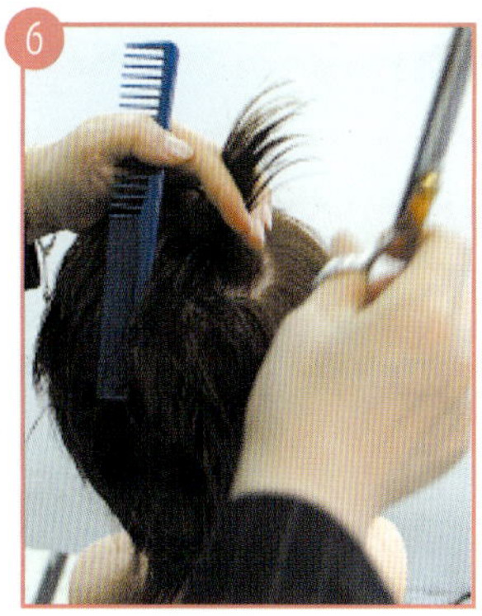

c. 톱 주변 모발도 분수 길이에서 피봇, 방사형 파팅한다. 위로 똑바로 세워 변이 분배 이동하며 레져 필링기법으로 인크리스 레이어 커트한다.

⑧ 질감내기

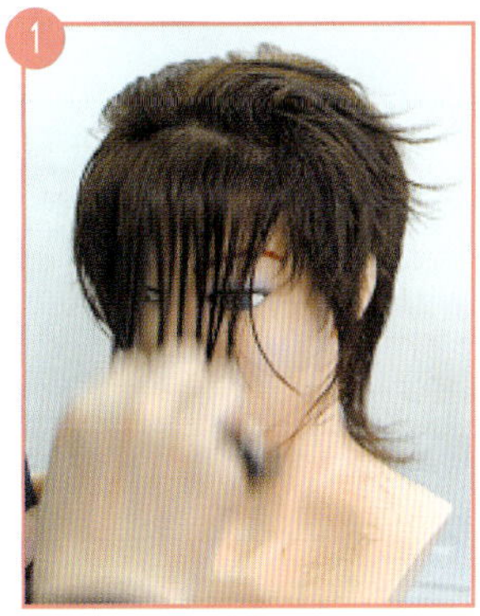

a. 전체적으로 테이퍼 가위를 사용하며 더욱 얇게 질감 커트한다.
b. 전두부 역시 수평파팅하고 레져 에칭으로 모발 끝이 얇게 질감내기하며 연결시킨다.

2) 헤어 크리에이티브 컬러(Hair Creative Color)

· 컬러링은 커트가 완성된 상태에서 크리에이티브 스타일에 맞는 베이스 섹션을 나눈다.
· 모근쪽 2cm 띄고 모발끝 부분까지 그라데이션 기법의 중간, 밝은 톤으로 손상되지 않게 블리치 한다.
· 산성컬러 제품 등으로 모근 쪽에서부터 다크, 미디엄, 라이트, 하이라이트 순으로 컬러링제를 도포하고 장시간 방치하면 깊은 명암의 컬러링이 완성된다.

(1) 블리치 과정

· 섹션의 폭은 1.5~2cm 정도 나눈다.
· 섹션의 전체 길이 1/2 지점은 블리치제를 충분히 도포하고, 모근쪽으로는 소량 도포한다.
· 모발 끝으로 갈수록 명도 8, 10, 12레벨 순으로 점점 밝아지도록 재도포 하면서 블리치 한다.
· 블리치가 밝게 되면 클리닉 제품을 도포하여 모발의 손상을 줄인다.

① 블리치

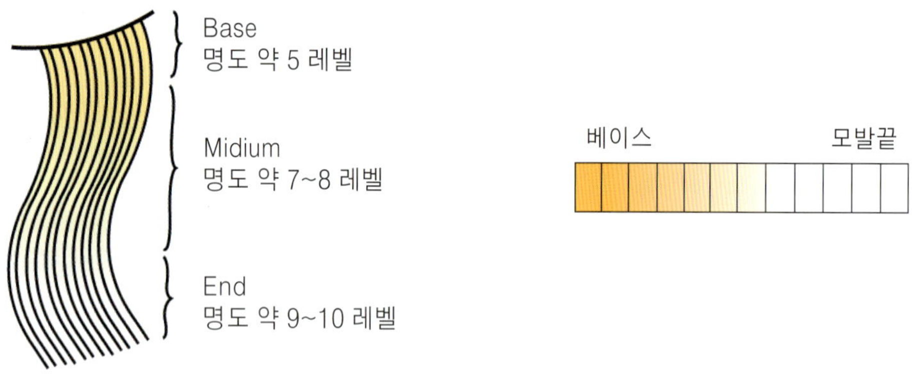

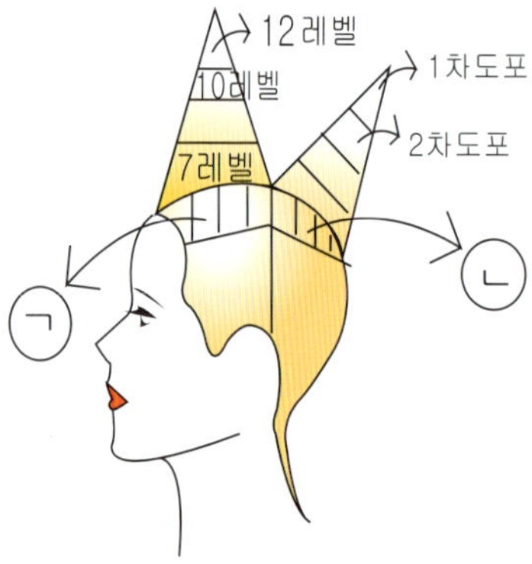

탈색 그래픽

② 블리치제 조제 및 도포방법

a. 블리치제 조제 비율 - 가루 블리치 : 산화제 = 1 : 2

b. 1차도포 - 조제된 블리치제를 모근쪽으로부터 2cm 정도 남기고 모발 위아래 충분히 도포 후 호일 접기 한다.
→ 열처리 3~4분 → 자연방치 20분 정도 둔다. → 타올로 블리치제를 닦아 낸다.

c. 2차도포 - 새로운 블리치제 조제는 소량의 트리트먼트를 첨가, 1차 도포위치에서 2cm 정도 남기고 도포한다. 자연 방치하며 탈색 정도를 관찰 한다.

d. 3차도포 - 트리트먼트를 첨가하여(약액의 1/4양) 모발 끝의 4~5cm 정도만 도포한다. 자연방치, 12레벨 정도 되면 샴푸 한다.

e. 블리치된 모발에 트리드민드 영양제를 듬뿍 도포하여 약 1시간 정도 방치한 후에 헹군다.

③ 베이스 컬러(Base Color)

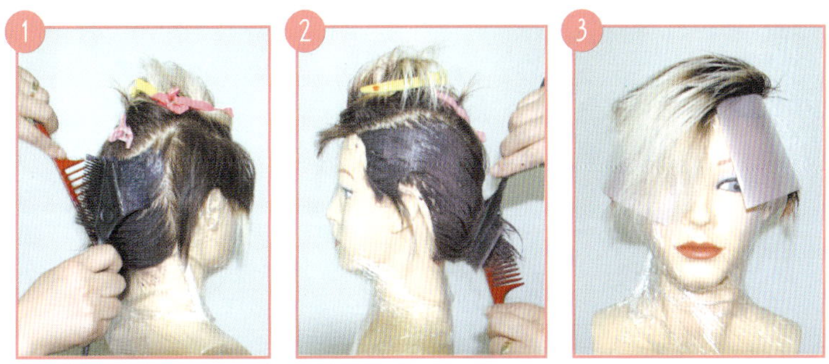

a. 헤어라인 주위에 두피 및 피부 보호크림을 바른다.

b. 베이스 : 섹션을 제외한 사이드, 백, 네이프 전체를 컬러링 된 색상과 연결해서 가장 어두운 색상을 도포한다.

(2) 컬러 색상 도포하기

① 컬러 색상 : 블루 그린, 그린, 라이트 그린, 하이라이트

a. 탈색된 부분을 1~1.5cm 정도씩 파팅(슬라이스)을 하고 두피쪽으로부터 모발 끝 부분 까지 블루 그린, 그린, 라이트 그린, 하이라이트 순으로 컬러 제품을 도포한다.

b. 하이라이트 끝 모발에는 투명 산성 컬러제 또는 색상이 스며들지 않도록 유분 크림을 도포하고 호일을 분리 포장한다.

c. 도포 후에는 모발 끝을 위로 똑바로 세워서 방치하고 샴푸할 때도 하이라이트 색상이 스며들지 않도록 주의한다.

d. 색을 깊게 안착시키기 위해 장시간 방치한다.

컬러링 도구

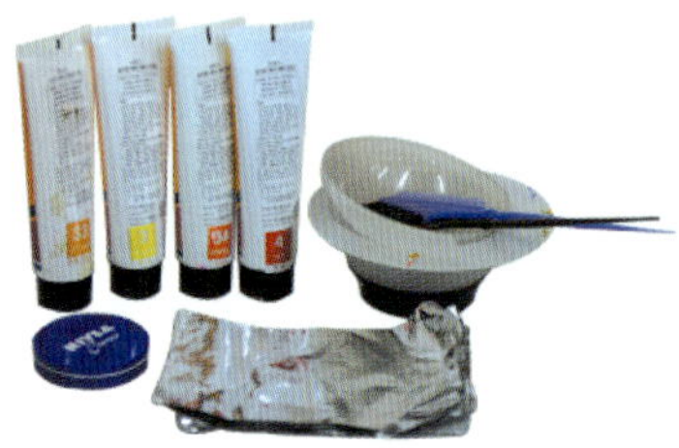

컬러 제품 선택

색상 조제

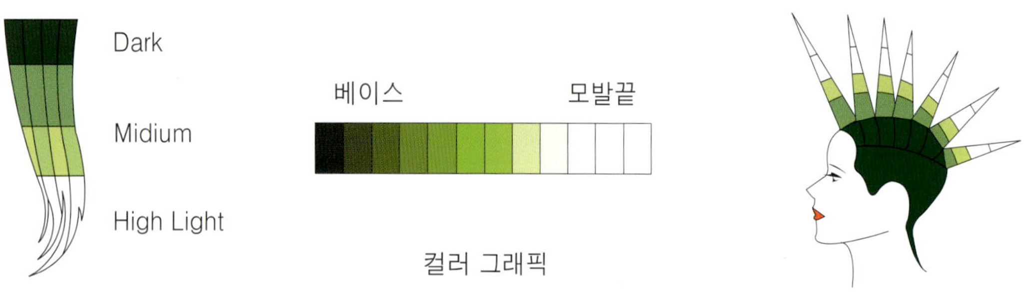

컬러 그래픽

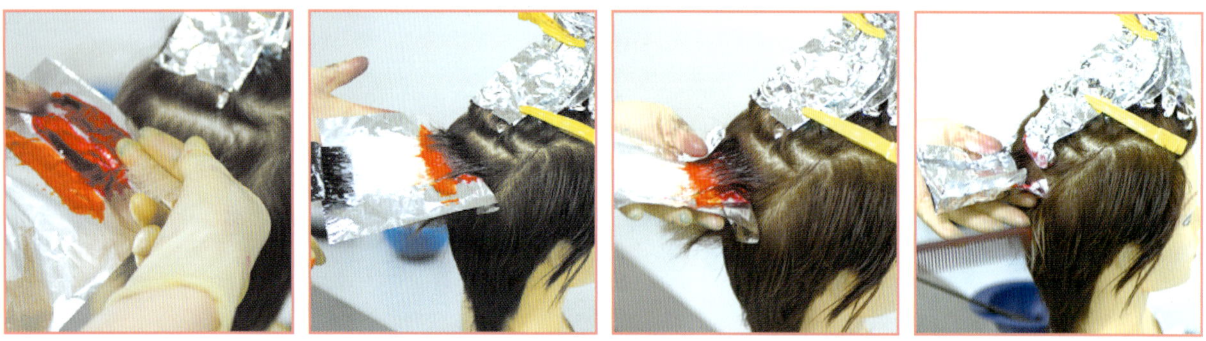

컬러링 도포과정

컬러링 완성

3) 크리에이티브(컨슈머) 드라이 과정

(1) 양면 브러시

① 귀뒤~네이프~사이드

a. 귀뒤~네이프 : 양면 브러시 짧은 쪽으로 두피에 밀착 붙여 C,J라인으로 두피에 붙이고 네이프 라인은 인덴테이션 컬한다.
b. 사이드 : 헤어라인에서 2~3회 정도 수직으로 나누어서 큰 C라인으로 귀 뒤머리와 연결 두상에 밀착시킨다.
c. 반대쪽도 같은 방법으로 시술한다.
d. 스프레이 분사하고 블로우 드라이어 약한 바람으로 고정시킨다.

② 백

백 컬러된 삼각섹션은 큰 C라인으로 밀착시켜 드라이 한다.

③ 전두부 몰딩

좌측 사이드 파트쪽으로 120° 이상 밀어서 브러시 드라이하고, 헤어라인으로 흘러 내리지 않게 올려 드라이한다.

④ 전두부~톱

하이라이트 부분이 위로 향하도록 S라인 끝 방향을 설정한다.
톱에서 하이라이트 부분 회오리 형태로 몰딩한다.

(2) 롤 브러시 드라이

① 귀뒤~네이프~사이드

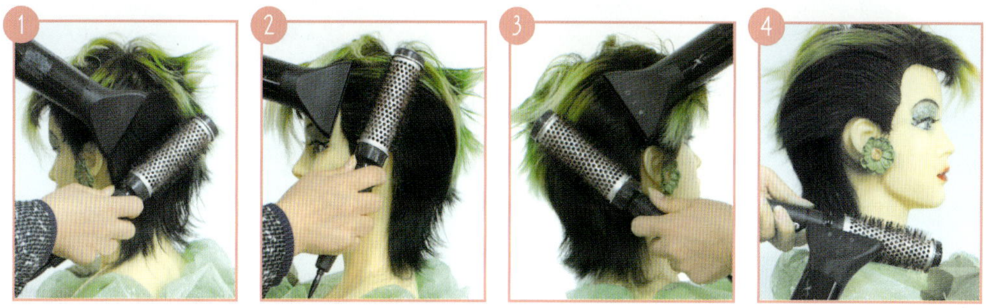

a. 귀뒤~네이프 : 양면 브러시 짧은 쪽으로 두피에 밀착 붙여 C,J라인으로 두피에 붙이고 네이프 라인은 인텐테이션 컬한다.
b. 사이드 : 헤어라인에서 2~3회 정도 수직으로 나누어서 큰 C라인으로 귀 뒤머리와 연결 두상에 밀착시킨다.
c. 반대쪽도 같은 방법으로 시술한다.
d. 스프레이 분사하고 블로우 드라이어 약한 바람으로 고정시킨다.

② 백

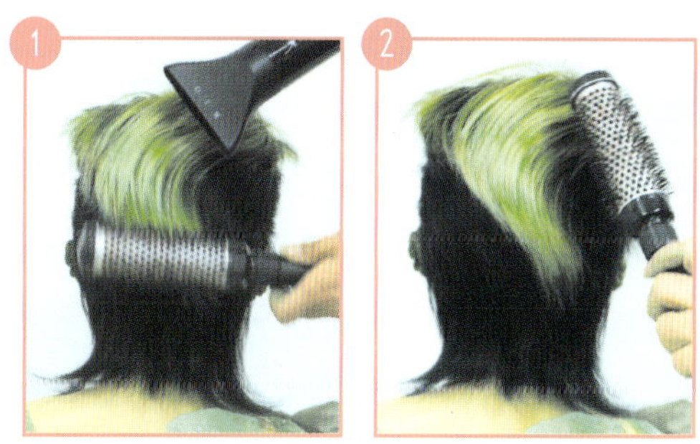

백 컬러된 삼각 섹션은 큰 C라인으로 밀착시켜 드라이 한다.

③ 전두부

사선 4등분으로 모델 좌측부터 45°, 90°, 120°, 135° 이상 순으로 점점 높은 각도를 잡는다. 롤 동작을 큰 C라인으로 볼륨을 주면서 드라이 한다.

※ 롤과 드라이는 항상 같은 방향임을 기억할 것.

④ 톱

톱쪽으로 향하여 하이라이트 부분은 큰 S라인으로 올려 드라이 한다. 하이라이트 끝 부분은 회오리 모양으로 매쉬를 강조하기 위해 얇고 가벼운 느낌으로 끝을 세워서 드라이 한다.

4) 스타일링

① 양쪽 사이드

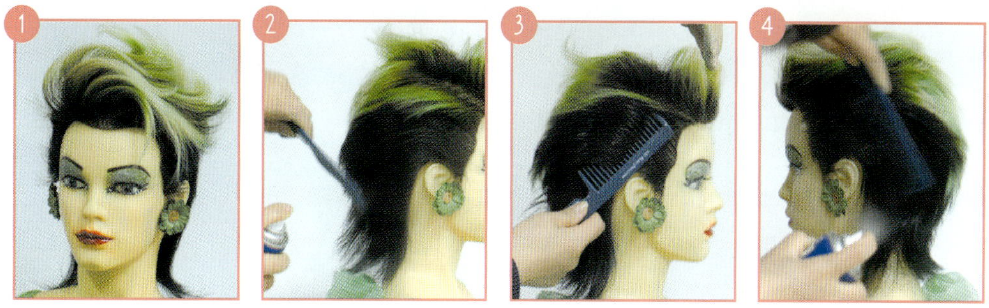

a. 전체적으로 광택 스프레이를 20cm 정도 떨어져 충분히 분사한다.
b. 양 사이드에서 네이프까지 빗어준다.
c. 모류의 방향 따라 C,J 라인 방향으로 빗어 스프레이를 분사하고 빗어줄 때 반대쪽 손은 빗질을 따라가며 매끈한 다림질 역할을 한다.

② 네이프

a. 약한 드라이 바람으로 고정시킨다.
b. 네이프 형태선 라인은 인덴테이션 아웃컬로 형성한다.

③ 백

a. 삼각 컬러 부분은 모류의 방향에 따라서 S 라인을 형성한다.
b. S 라인 내부에서 엄지와 검지손가락으로 골을 파듯이 라인을 만들어 하이라이트가 칼끝처럼 가는 S 라인 매쉬를 잡는다.

④ 전두부

전두부의 베이스 방향을 C 커브가 되도록 빗으로 돌려 빗는다.

a. 모델의 우측 사이드부터 센터로 점점 작아지는 C 라인을 검지와 중지손가락 45° 대각 방향으로 C 라인을 잡아 스프레이를 분사하며 고정시킨다.
b. 센터 부분은 매쉬를 가늘게 잡아 모근쪽 소용돌이 모양으로 하이라이트를 강조시키며 스프레이로 고정시킨다.

⑤ 톱

전두부와 연결 톱쪽의 C라인으로 매쉬를 연결하면서 톱에서 회오리 방향으로 스프레이 분사하며, 검지와 중지 손가락을 이용하여 넓고 얇게 펴주며 모양을 만든다.

⑥ 완성작품

양 사이드에서 네이프까지 C,J라인으로 밀착되었으며, 전두부는 큰 C, 중간 C, 작은 C 라인을 형성하고 하이라이트로 소용돌이가 포인트로 강조되었다. 사이드 쪽으로 C라인 매쉬가 연결되면서 톱에서 깃털처럼 가벼운 회오리 형태의 매쉬가 얇고 가볍게 연출된다.

헤어 크리에이티브(컨슈머) 토탈 스타일 완성

20 년 월 일

작품 내용 :

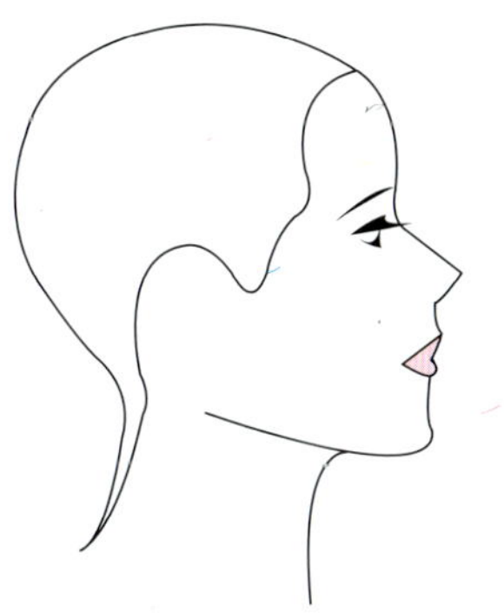

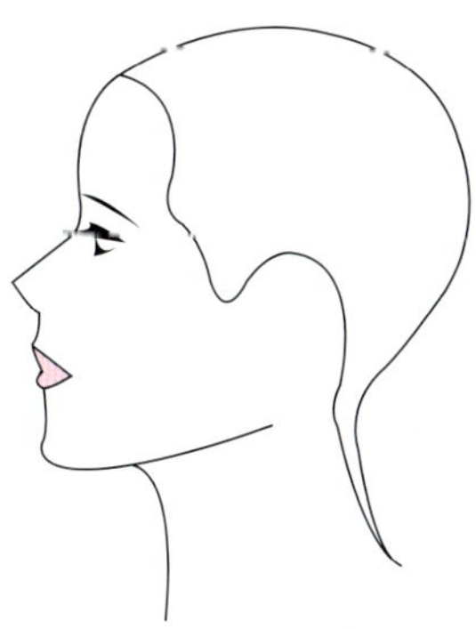

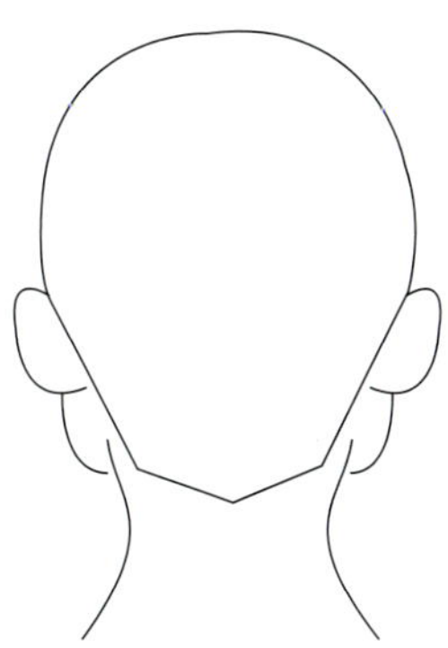

20 년 월 일	
작품 내용 :	
전 면	
우측면	
좌측면	
후 면	

5) 메이크업과 의상 토탈 스타일 코디

(1) 크리에이티브 스타일에 메이크업하기

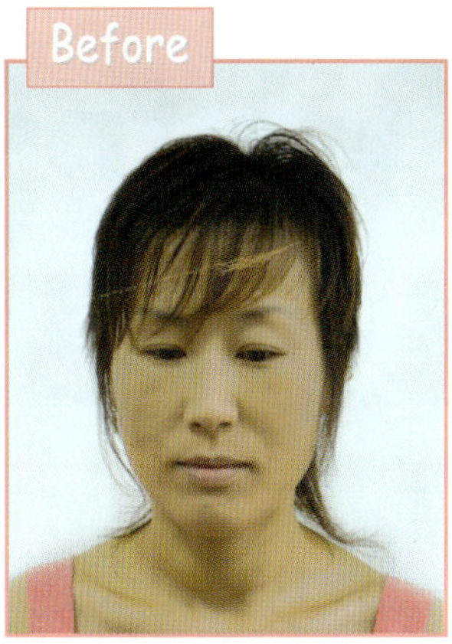

① 메이크업에 필요한 도구

섀도우 종류(갈색, 주황, 노랑 하이라이트)와 메니큐어 종류(흰색, 검정, 투명, 은색반짝이, 오렌지색 반짝이 등), 기초 화장품 일체, 펜슬, 속눈썹, 풀, 립스틱, 볼터치, 브러시 등이 있다.

② 메이크업 과정

– 기초화장과 눈썹

베이스에 기초 메이크업이 정돈된 상태에서 눈썹, 아이홀 쉐딩과 검정 펜슬 등으로 포인트를 잡는다.

– 섀도우와 눈썹 붙이기

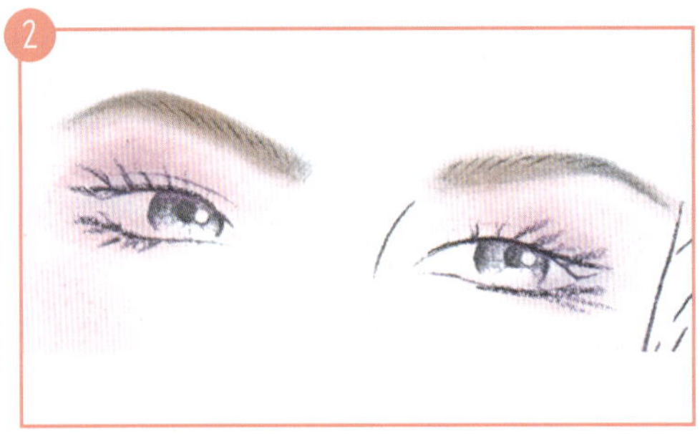

아이섀도우 브라운, 오렌지, 바이올렛, 핑크, 옐로우 계열 색상과 하이라이트 등으로 강, 중, 약의 그라데이션 기법으로 연결한다. 아이라인을 그린 후 속눈썹을 붙인다.

눈밑 언더라인과 섀도우도 위아래 부분을 연결한다.
속눈썹 마스카라해서 올려주고, 하이라이트로 섀도우 등으로 입체감을 살린다.

– 볼화장과 입술 메이크업

4-1

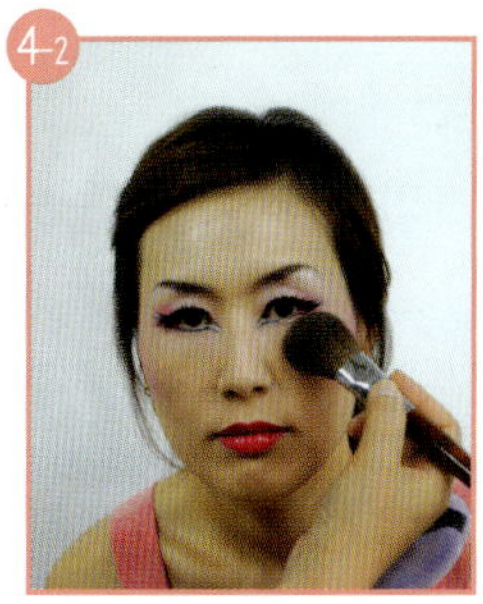
4-2

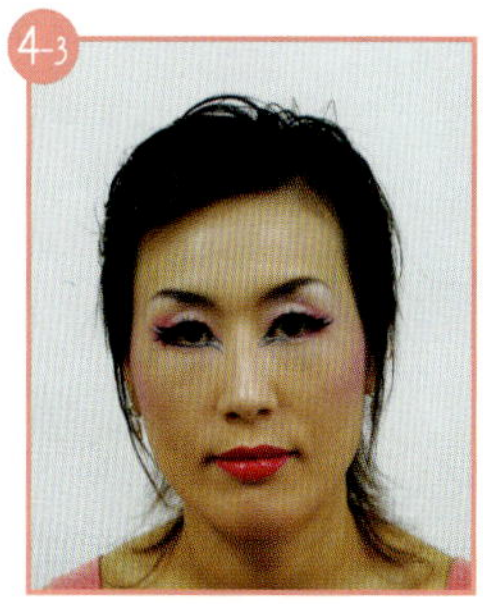
4-3

하이라이트 펜슬이나 검정 펜슬 등으로 포인트를 강조하고, 펄 파우더와 하이라이트로 T존 부위와 눈 주위를 정리한다.
모델의 이미지에 맞게 립선을 조절한다. 색상의 강, 약으로 입체감있는 입술 형태를 그린다.
모델의 피부톤 섀도우 색감과 립스틱 색감에 조화로운 볼터치를 한다.

– 메이크업 완성

5

5-1

5-2

5-3

5-4

완성 : 크리에이티브와 헤어바이나이트 메이크업 모델 완성
헤어바이나이트 모델은 하이라이트 펜슬 라인을 더욱 강조하고 펄과, 반짝이, 큐빅 등으로 화려하게 연출한다.
마네킹에는 섀도우 컬러에 맞춰 쉐노우 부분이 지워지지 않고 광댁과 색싱유지를 위해시 투명, 온색, 오렌지, 반짝이 매니큐어 등을 바른다.

(2) 의상

의상은 자연스러운 아름다움에 초점을 맞추어서 낮에 간단한 모임이나 식사에 참석하는 세미 케쥬얼 정장 스타일, 귀여운 소녀 룩까지 그해에 유행하는 색상, 계절과 친화적인 분위기로 조화를 맞춘다. 모든 의상들은 헤어디자인의 특정한 부분, 웨이브진 컬과 매쉬의 깨끗함 등은 섬세한 질감에서 반영된다.

내용미와 형식미로서의 머리 모양과 구성을 반복, 우아한 아름다움을 표현하고 장신구는 의상과 연결된 통일된 색감으로 연출한다. 액세서리는 헤어와 메이크업, 의상과 함께 전체적인 조화가 이루어지도록 맞추는 것이 중요하다.

크리에이티브 모델들의 토탈 스타일

Hair Creative(Consumer) 부록

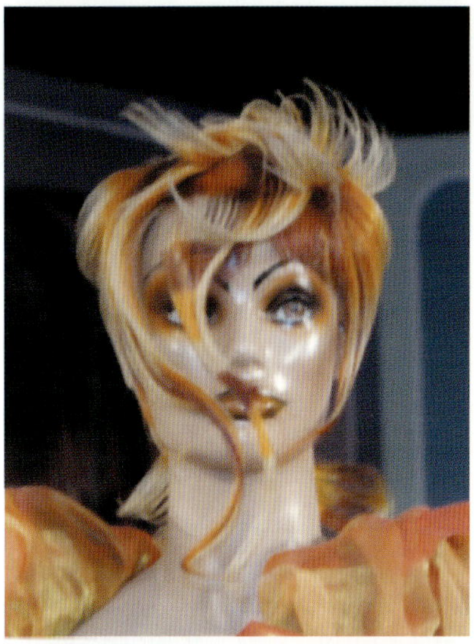

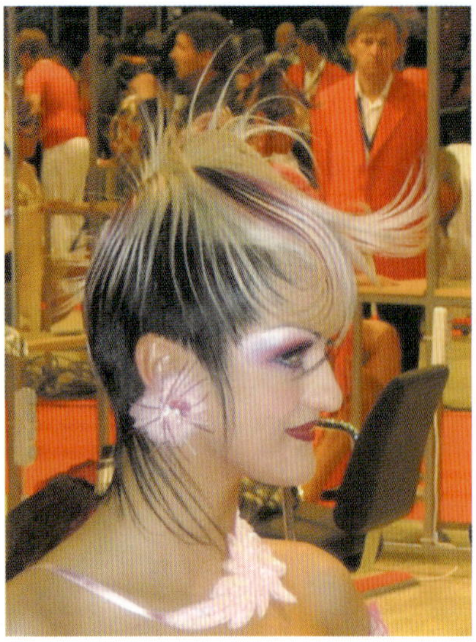

II

헤어바이나이트 디자인 기술

Hair by Night Design Technique

제 1 장
헤어바이나이트 개념

1. 헤어바이나이트 정의

헤어바이나이트 스타일은 이브닝(Evening) 헤어 스타일로 불리운다. 모발 색상의 밝고 어두움을 연결시키는 그라데이션 기법과 다양한 헤어피스 외 액세서리를 사용하여 화려하고 우아한 머리모양을 특징으로 한다. 따라서 일반 소비자들이 흔히 접할 수 있는 그 시대의 유행된 커트나 디자인 세팅 개념을 넘어선 어떤 특별한 행사나 연주회에 사용되어지는 고도의 테크닉이 요구되어지는 스타일이다.

데이(Day)헤어스타일인 크리에이티브 스타일이 짧은 레이어와 그레쥬에이션의 혼합 형태이다. 브로우 드라이나 세이핑에 입각한 타이트한 헤어 디자인으로 연출된다면, 밤(Night) 머리인 헤어바이나이트는 긴 머리 형태로서 짧은 머리형에서는 헤어 스타일링 제품과 도구를 사용하여 본래의 머리 색상과 잘 조화되도록 미리 작업해 놓은 헤어피스를 사용하여 연출하는 예술성과 작품성이 가미된 헤어스타일이다. 의상 또한 활동적인 간편한 의상으로 연출되는 크리에이티브(컨슈머) 스타일과 달리 우아하고 화려하며 무게감이 있는 이브닝드레스로 연출한다.

2. 헤어바이나이트 도입과 흐름

1980년대는 저녁분위기의 연출을 위해 세심한 빗질을 통한 몰딩과 오리지널 세트로 무거운 사각형의 완성된 머리 형태의 네이프 부분에 섬세한 장식물과 헤어피스를 위치시켜 피스의 느낌이 예술적이면서도 무게감있는 디자인 연출이 주를 이루었다.

1990년대 초반에는 형태, 디자인, 선에 중점을 두어 블론드와, 오렌지, 적색 등을 많이 사용했으며 의상은 실루엣이 돋보이는 색상으로 검정색, 흰색, 회색의 무채색이 주를 이루었고 1990년대 중반의 머리스타일은 크라운 부위와 홀의 뒷머리에 언밸런스를 이루었으며, 흑갈색의 머리에 붉은색의 구조로 연출하였다.

특히, 1998년 헤어월드 개최를 통해 모발염색에는 다양한 컬러 즉, 다크 브라운, 레드, 오렌지, 옐로우, 라이트오렌지 등이 사용되어 다양한 색상이 연출되는 계기가 되었다. 즉, 1990년대는 헤어바이나이트가 기술의 기교 뿐만 아니라 헤어피스, 컬러링, 스타일링 등이 예술적차원으로 업그레이드된 시기라 할 수 있다.

2000년대 들어와서 헤어바이나이트의 커트는 탑 길이가 길고 네이프 쪽이 짧은 그레쥬에이션형으로 부드럽고 자연스러운 느낌의 커트 형태였다. 금발 염색을 주로 했으며, 화려함과 강렬한 이미지를 부각시키고 과감한 컬러의 대비와 코사지의 장식을 했다. 프론트로 떨어지는 곡선의 멋과 위로 뻗치는 끝선의 조화가 작품의 환상미를 더했다.

중간 길이의 커트와 다양한 질감처리법이 사용되며 색상은 어두운색, 중간색, 밝은색, 하이라이트 순으로 색상의 연결이 두드러지는 그라데이션(Gradation) 컬러기법이 유행하게 되었다. 또한 컬과 웨이브 흐름에 있어서도 사이드, 네이프에서 백(Back)과 톱(Top) 부분으로 C,S 웨이브 흐름을 연결시켜 아름다움을 더해주고 있다.

1980년대

1990년대

2000년대

뉴모드

시대별 헤어바이나이트

3. 헤어바이나이트 스타일의 디자인 개념

헤어바이나이트 스타일은 우주의 천체축선들로 이루어지는 하나의 점이 선에서 선으로 면에서 면으로 확산되어지는 선들로 여러 가지 자연 생물의 형상으로 조화롭게 구성되었다. 이는 산이나 바위 틈새에서 자라고 있는 난초가 펼쳐져 있는 듯한 시각적인 느낌과 영감으로 헤어바이나이트 스타일을 무한대로 창작할 수 있다.

매쉬와 헤어피스 디자인

비대칭의 조화

볼륨과 아웃컬의 느낌

깃털처럼 가벼운 매쉬 느낌

헤어피스 롤말기 디자인

톱을 강조한 분수의 느낌

자연생물의 다양한 모양

모양과 방향

디자인 실체에는 기하학적인 모양들의 지오메트릭 쉐입스(Geometric shapes) 직선 또는 곡선으로 닫히거나 연결된 C,S,J라인과 방향의 윤곽선이 있다.

모양과 방향의 특성(Shape & Direction characteristics)

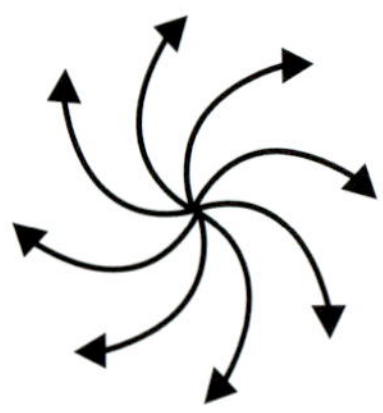 시계 방향 (Clockwise) 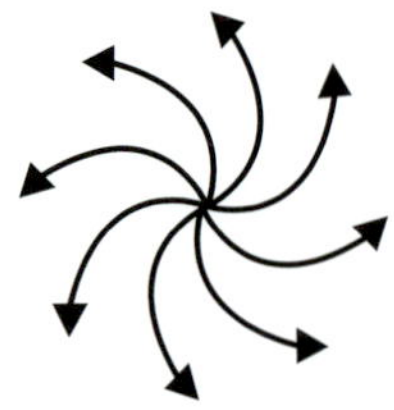 반시계 방향 (Counterclockwise)	**원(Circle)** 원주로 경계가 이루어진 닫힌 곡선 모양. 중앙의 시작점에서 시작되는 반지름이 균일하다.
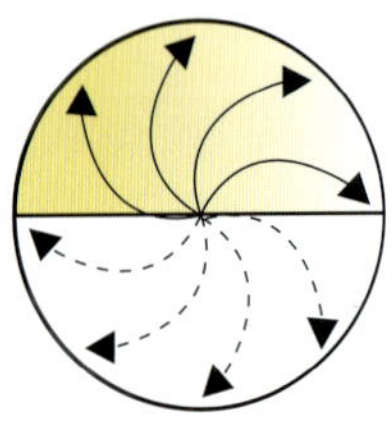 시계 방향 (Clockwise) 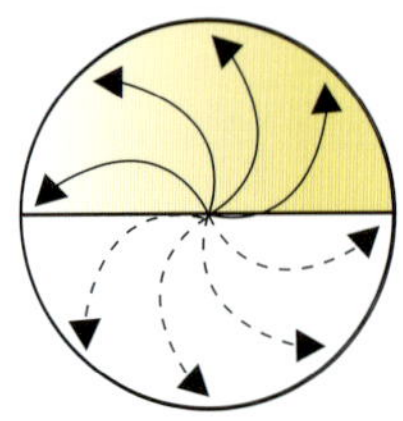 반시계 방향 (Counterclockwise)	**타원(Oval)** 원주로 경계가 이루어진 닫힌 곡선 모양으로 시작점에서 비롯되는 반지름이 균일하지 않다.
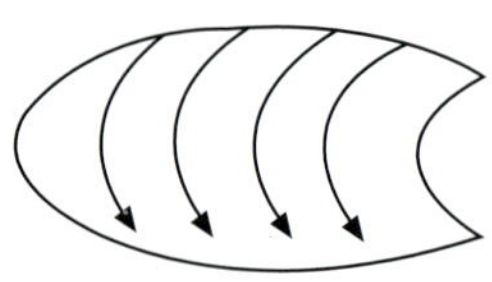 반시계 방향 (Counterclockwise) 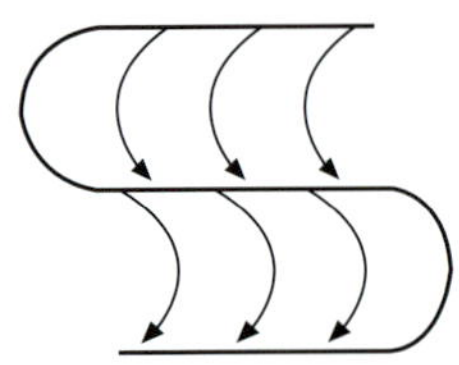 교 대 (Alternating)	**오블롱(Oblong)** 평행한 곡선으로 이루어진 연장된 곡선 모양으로 시작점이 무수히 많은 컨벡스 및 컨케이브 모양으로 끝이 만들어졌다.
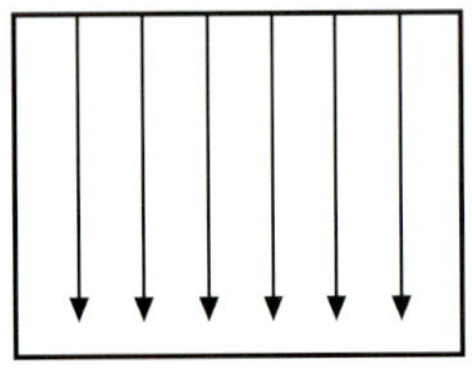 평행(Parallel) 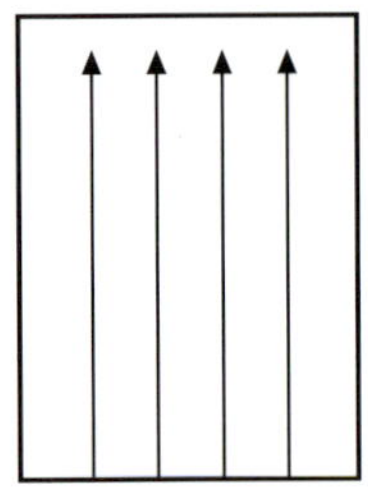 평행(Parallel)	**직사각형(Rectangle)** 시작점이 무수히 많은 두 쌍의 평행한 선으로 이루어진 사각형
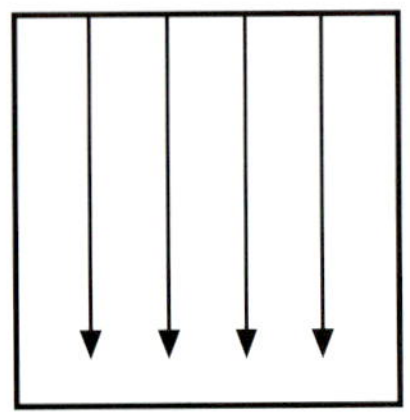 평행(Parallel) 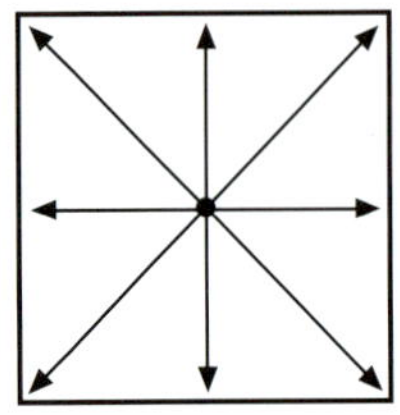 방사형(Radial)	**정사각형(Square)** 4개의 직각과 두 쌍의 평행한 선으로 이루어진 사각형

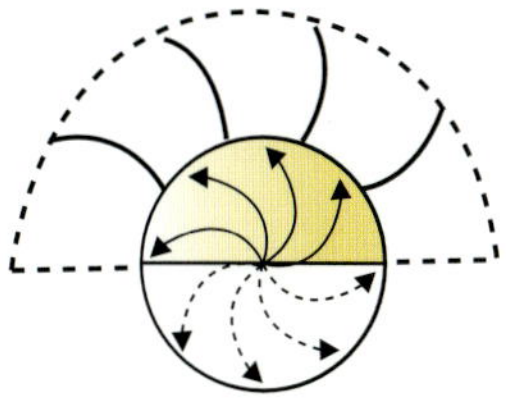	크기에 따른 확장원형
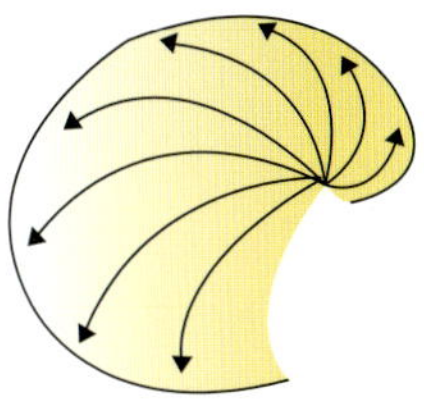	방향에 따른 확장 타원형
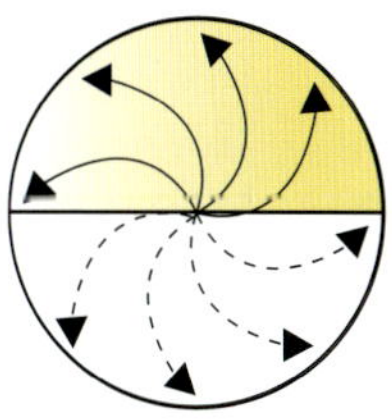	반시계방향 반원형 보양
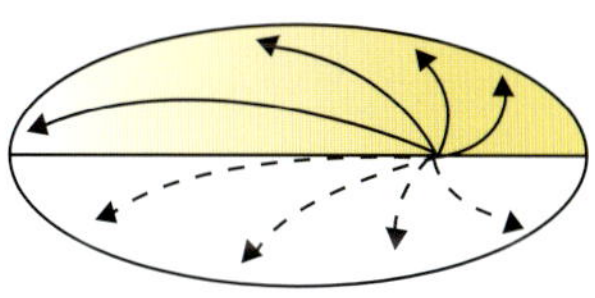	**반시계방향의 타원형** 짧고 빠른 쪽에서 길고 느린 쪽으로 진행
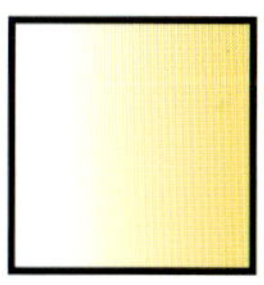	**Square(스퀘어) 정사각형** 네 개의 직각과 두 쌍의 평행선으로 이루어진 기하학적 모양
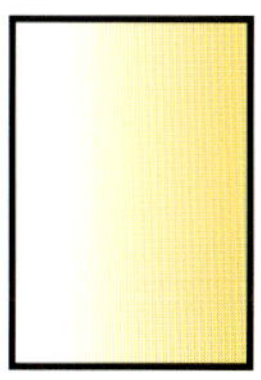	**Rectangle(렉탱글) 직사각형** 두 쌍의 평행선이 있고 4개의 변으로 이루어진 기하학적 모양
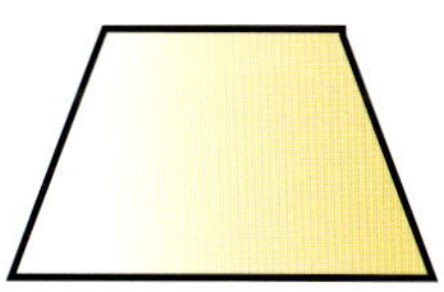	**Trapezoid(트래피조이드) 사다리형** 동일하지 않지만 평행하지 않은 두변과, 동일하지만 평행하지 않은 두변으로 이루어진 기하학적 모양

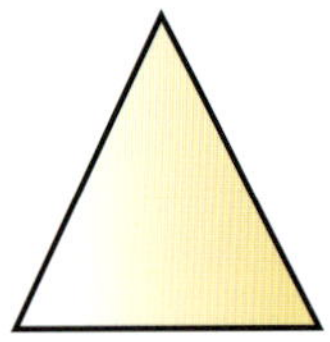	**Triangle(트라이앵글) 삼각형** 세변으로 이루어진 모양; 파이조각 모양임
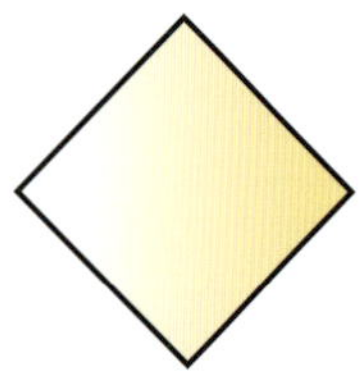	**Diamond(다이아몬드)** 두 개의 동일한 삼각형
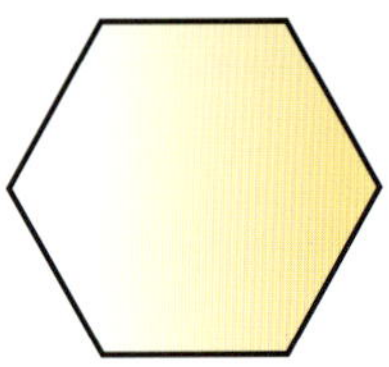	**Hexagon(헥사곤) 6각형** 6개의 변으로 이루어진 모양
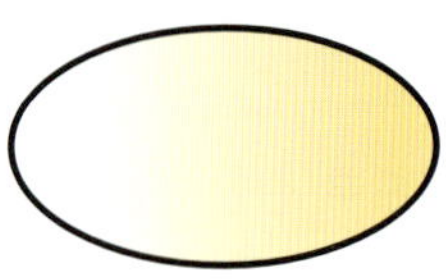	**Oblate(오블레이트) 편구형** 세로보다 가로가 더 넓은 타원
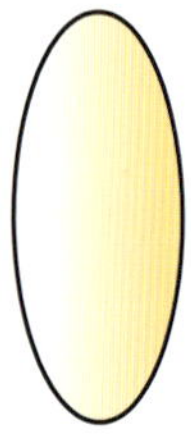	**Prolate(프롤레이트) 장구형** 세로가 가로보다 더 긴 타원
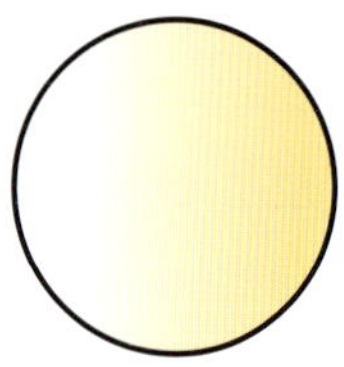	**Spheroid(스피어로이드) 구** 길이와 넓이가 비슷함
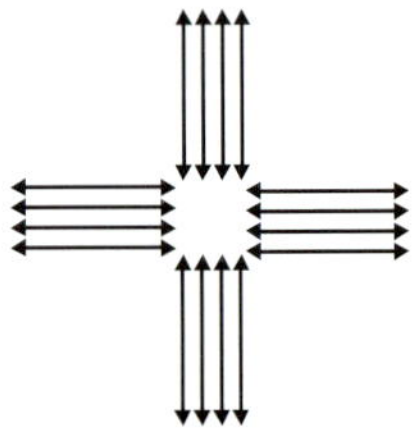	**Parallel Distribution(패러렐 디스트리뷰션) 평형 분배** 머리를 여러 시작점에서 분배하는 것

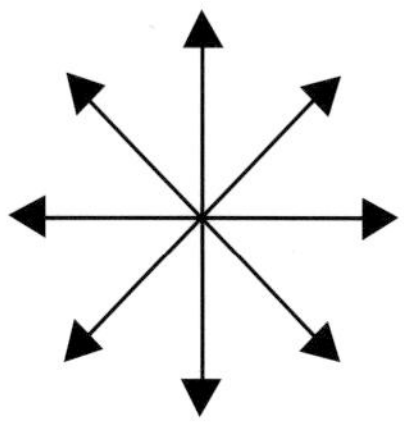	**Radial Distribution(레디얼 디스트리뷰션) 방사 분배** 머리를 한 시작점에서 분배하는 것
	**Blending(블렌딩) 연결** 하나의 힘이 앞으로 움직이고 다른 힘이 공통점이나 공통선 으로부터 멀어짐
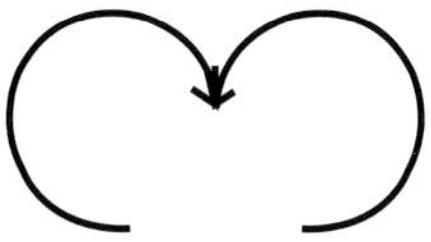	**Converging(컨버징) 모아주기** 두 힘이 공통점이나 공통선 쪽으로 가까워짐
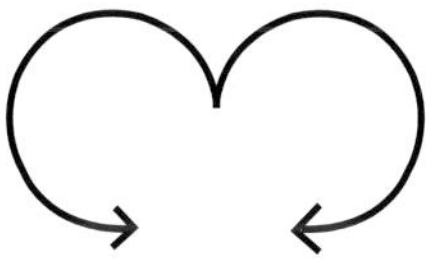	**Dividing(디바이딩) 나누기** 두 힘이 공통점이나 공통선에서 부터 멀어짐

4. 헤어바이나이트 스타일링에 사용되는 도구와 재료

1) 도구의 종류

헤어 크리에이티브와 헤어바이나이트 스타일 제작을 위해서 능률적인 도구가 필요하다. 훌륭한 기술적 능력을 보유하고 있는 헤어 스타일리스트라 해도 작품을 제작하기 위한 도구가 적절하지 못하면 완벽한 디자인을 완성하기 어렵다. 여러 종류의 도구 사용에 익숙해지면 스타일리스트로서 무한한 가능성의 세계가 활짝 열릴 것이다.

(1) 커트 도구

헤어 스타일리스트들은 커트에 따른 기술적인 부분을 시도하기 위해 여러 가지 도구에 의존하게 된다. 실제 커트형을 만들어 내는 것은 도구 보다는 기법이라고 할 수 있다. 도구를 선택하는 것은 디자인 결정 과정을 통해 형태선과 머리질감에 많은 변형이 나올 수 있도록 해준다.

① 가 위

깨끗하고 뭉툭한 모서리를 만들고 질감 커트를 해도 한 올 한 올이 매끄러운 질감으로 커트된다.

② 테이퍼(틴닝) 가위

짧고 긴머리가 규칙적으로 교차되어 뚜렷하다. 가위날의 간격에 따라 모발의 양이 제거된다.

③ 레져

모발끝이 부드럽고 가늘게 커트되며, 커팅 기법에 따라 모발의 끝, 중간, 모근쪽 등에서 샤기한 질감 커트를 할 수 있다.

④ 커트 빗

커트되는 동안 머리를 분배하고 조절하기 위해서 머리숱과 길이에 따라서 넓은 빗살과 가는 빗살을 사용한다.

⑤ 분무기 & 핀셋

헤어바이나이트 커트 및 스타일링 과정 중 분무기는 충분한 수분을 주기 위한 도구이다. 핀셋 또한 작품 시술시 머리 다발을 고정시키는 역할을 한다.

(2) 드라이 도구

① 헤어 드라이어

헤어드라이어는 사용하기에 편리하도록 디자이너의 손에 익숙한 것을 선택하고, 다양한 디자인 방법에 적합하도록 가볍고 드라이 웨이브하기 적당한 것으로 선정한다.

② 롤 브러시

컨슈머, 헤어바이나이트용 롤 브러시는 보통의 돈모, 나일론 소재보다 베이스가 알루미늄으로 되어있는 큰 원통형 롤 브러시를 선택한다. 모발에 텐션과 늘어짐을 방지하고 매끄러움과 탄력 있는 드라이를 할 수 있도록 롤을 선정한다.

③ 빗

모류를 정리하거나 매쉬를 날리기 위한 방법으로 빗어 줄 때 사용한다. 빗살이 절반은 촘촘한 것과 절반은 사이가 넓게 되어있으며 유행스타일에 따라 헤어 크리에이티브와 헤어바이나이트 스타일에 적합한 빗을 선정한다.

④ 양면 브러시

전체적인 모류의 흐름을 잡아주고 모발 뿌리의 볼륨을 살리거나 밀착시킬 때 사용한다. 볼륨과 방향성을 나타내는 빗살은 길게 되어있으며 다른 한쪽의 짧은 빗살은 모발 뿌리를 밀착시킬 수 있다. 양쪽면 빗살의 길이가 각각 다른 양면으로 되어있는 브러시이다.

헤어 크리에이티브와 헤어바이나이트 스타일 디자인은 이상과 같이 복합적인 조건들을 갖추었을 때 접근 할 수 있다. 스타일을 완성하려고 할 때 제작에 필요한 도구들이 준비되어 있지 않거나 사용 방법을 숙지하지 않았을 경우 디자인을 자유롭게 완성하기가 어렵게 된다. 이 모든 도구들이 디자인 과정을 지배할 수 있는 요인이 된다.

2) 헤어제품의 종류

디자인을 완성하기 위해서는 좋은 재료의 선택이 중요하다. 헤어 크리에이티브와 헤어바이나이트 스타일 진행과정의 특성에서 살펴보면 도구나 재료가 매우 중요한 조건들이다.

① 헤어 스프레이

a. 헤어 크리에이티브와 헤어바이나이트 스타일 제작과정에서 사용되는 스프레이는 디자인을 고정시킨다는 의미로는 같으나 사용상 가볍게 매쉬를 고정해야 한다. 입자가 가늘고 고운 스프레이를 분사 했을 때 빗질이 가능해서 수정, 보완이 용이할 수 있도록 한다.

b. 고정 스프레이와 광택 샤이닝 스프레이 등이 있다.

② 무스

스타일링제 무스는 헤어 크리에이티브와 헤어바이나이트 스타일전 제작 과정에서 많이 쓰인다. 무스의 고정력은 제조 회사에 따라 제품의 차이가 있을 수 있으므로 사전에 사용해본 다음 제품을 선택한다.

③ 염모제

헤어 크리에이티브와 헤어바이나이트 스타일 진행 과정에서 쉽게 사용할 수 있는 제품으로서 스타일의 디자인을 행하기 전, 각종 염모제나 탈색제를 활용하여 디자인 연출에 미적 감각을 부각시키는 컬러링에 필요한 색상으로 선별하여 준비한다.

④ 메이크업 재료

헤어 크리에이티브와 헤어바이나이트 스타일에서 아름다움을 연출하고, 스타일을 더욱 효과적인 이미지로 나타내기 위해 여러 스타일 형태에 따라 메이크업 재료가 필요하다.

⑤ 액세서리 및 장신구

액세서리와 장신구는 유행 감각에 맞는 헤어 크리에이티브와 헤어바이나이트 스타일에 어울리고 우아한 것이어야 한다. 재료를 구입하여 분위기에 맞도록 직접 제작하여 사용해도 좋다.

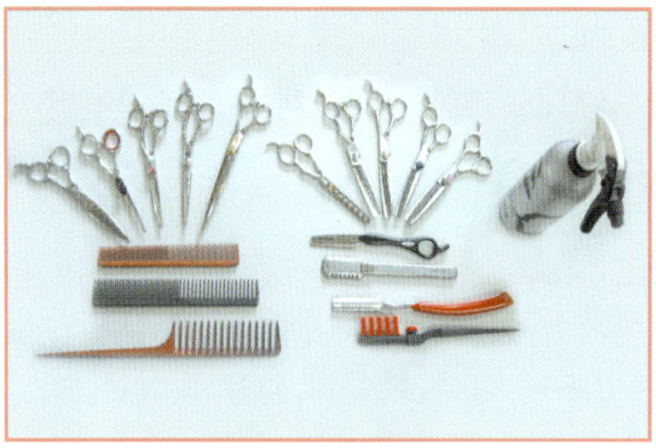
커트 도구

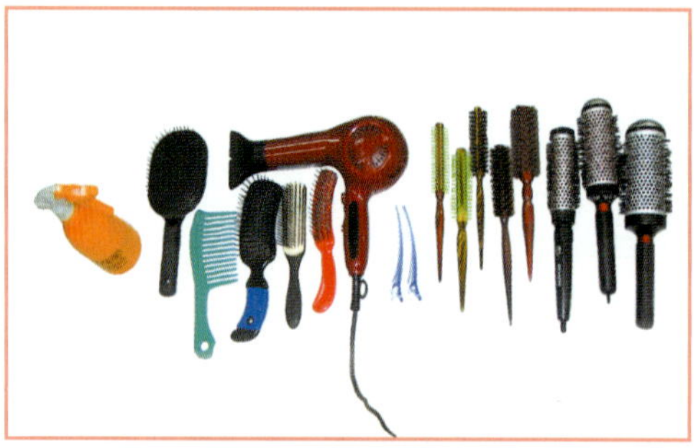
드라이 도구

브러시 종류

핀셋 종류

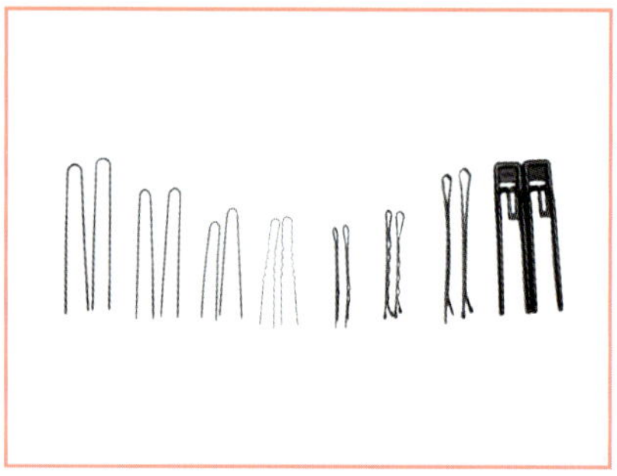
핀 종류

헤어 제품

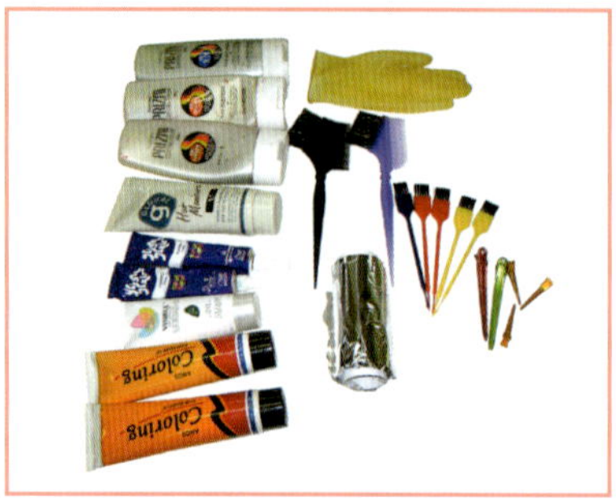
컬러링 재료

메이크업 재료

헤어 크리에이티브에 필요한 도구 및 재료

3) 헤어 크리에이티브 모델 & 마네킹

헤어 크리에이티브와 헤어바이나이트 스타일의 작품효과를 최대화시키기 위해서는 모델의 조건이 충족되어야 한다.

① 모발조건 : 모발의 숱이 너무 적거나 너무 많아도 작품표현이 용이하지 않으며 힘이 없어 스타일이 잘 고정되지 않은 경우가 있다. 적당한 숱과 굵기의 모델을 선택한다.

② 신체조건 : 신장은 최소 165cm 이상이어야 하며 두상과 얼굴형은 계란형으로 작아야 적절하며 얼굴선과 목선의 형태를 관찰해야 한다.

③ 두상형태 : 사람에 따라서 헤어라인의 형태가 다르다. 목선의 조건이 좋지 않을 경우 크리에이티브(Creative)커트 특유의 실루엣 연출이 어렵다. 백 부분이 도드라진 두상이 적격이나 약간 낮은 경우는 스타일에 있어서 기술적으로 볼륨을 주어 보완할 수 있다.

④ 모델표정 : 관중들 앞에서 작품을 돋보일 수 있도록 포즈를 취하고 미소로 무언의 메시지를 줄 수 있어야 한다. 또한 표정관리 능력이 있어야 함은 물론 토탈 의상연출로 메이크업의 밸런스를 유지하고 있어야 한다.

⑤ 마네킹소선 : 마네킹도 마찬가지로 모발의 밀도, 성장방향, 굵기 등을 잘 파악해야 하며, 헤어 크리에이티브 스타일 전용으로 생산된 마네킹을 사용, 의상(드레이핑) 메이크업의 토탈적인 밸런스를 맞춘다.

모델과 마네킹

5. 헤어바이나이트 스타일

헤어바이나이트 스타일은 크리에이티브 스타일의 짧은 레이어와 그래쥬 에이션의 혼합 형태로서 블로우 드라이나 세이핑에 입각한 타이트한 헤어 디자인으로 연출된다. 또한 업 스타일 작품 머리를 창출할 수 있다.

나이트스타일인 헤어바이나이트는 짧은 모발로 긴 머리 형태로 보이도록 헤어 스타일링 제품과 도구를 사용하여 본래의 머리 색상과 잘 조화되도록 미리 작업해 놓은 헤어피스를 사용하여 우아하고 예술성 있는 업스타일 형으로 아름다움을 연출시킬 수 있다.

헤어바이나이트 뉴모드

모델선정

크리에이티브 스타일의 동일한 커트로 컬러링된 모델을 선정한다. 모델일 경우는 먼저 두상과 얼굴이 작아야 하며, 전체적인 몸매의 각선미와 개성미가 돋보이는 균형감을 갖춘 자연스럽고 세련된 모델을 선택해야 헤어바이나이트 스타일을 아름답게 표현할 수 있다. 마네킹의 경우는 컨슈머 전용 마네킹을 이용하면 효과적이다.

제 2 장 헤어바이나이트의 실제 테크닉 및 응용

1. 오렌지 계열 헤어바이나이트 Ⅰ

헤어바이나이트 스타일은 크리에이티브 커트형과 오렌지 계열 컬러링된 상태에서 헤어피스를 탈 · 염색으로 모델 머리색상과 조화롭게 작업해 놓는다. 모델 모발은 브로우 드라이나 헤어 제품을 겸한 타이트한 방법의 업세이핑 몰딩하고 작업해 놓은 피스를 대, 중, 소 루프를 비대칭으로 매끄럽게 만든다.

악세서리 또한 대, 중, 소 크기로 포인트를 강조하고 세련되고 화려한 헤어스타일을 연출한다. 의상은 우아하고 화려한 이브닝 드레스와 예술성과 작품성을 가미한 조화로운 헤어, 메이크업, 악세서리 의상 등 토탈 스타일로 연출한다.

Before

After

1) 제작 과정

짧은 머리형에서 우아한 파티 업 스타일 형태의 헤어 디자인을 연출하기 위해서는 드라이, 무스, 빗, 브러시 등으로 몰딩한다. 작품을 시술하기 전 모류의 방향에 따라 뿌리 부분을 양면브러시로 납작(플렛)하게 업세이핑(올려빗기), 다운 세이핑(내려빗기)로 두상 전체에 C,S,J 라인 흐름의 방향을 잡아 몰딩 한다.

제작된 피스는 2~3개 정도 사용하기 위해 둥글게 볼륨 드라이해 놓는다. 롱헤어 형으로 연출하며, 위치에 따라서 삼각형, 다이아몬드형, 장방형 등으로 플러프한 분수 모양이나 입체적인 느낌의 다양한 모양으로 디자인 한다.

2) 헤어피스 제작

(1) 헤어피스 제작 과정

준비 도구

헤어 웨프트 피스(밝은 톤과 어두운 톤), 실리콘총(글루건), 가위, 칼, 실, 바늘 등

3) 헤어피스 제작 방법 및 순서

헤어 웨프트 피스의 거칠고 짧은 머리가 많은 쪽이 안쪽으로 접히도록 제작한다.

① 大 : 3.5cm씩 7번 접어서 글루건 접착이나 실, 바늘로 제작한다.
② 中 : 3.5cm씩 6번 접어서 글루건 접착이나 실, 바늘로 제작한다.
③ 小 : 3.5cm씩 5번 접어서 글루건 접착이나 실, 바늘로 제작한다.
④ 부채모양 : 4cm 피스를 2~3회 감아서 제작한다.

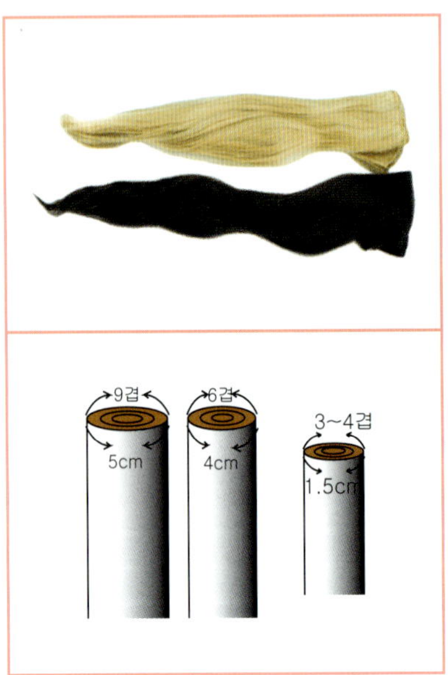

대, 중, 소

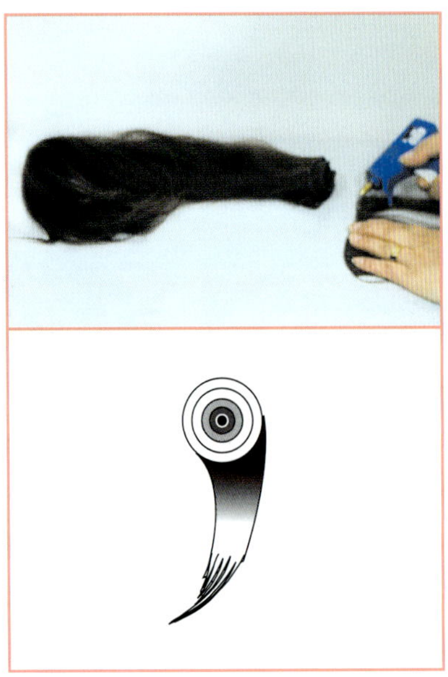
분 수

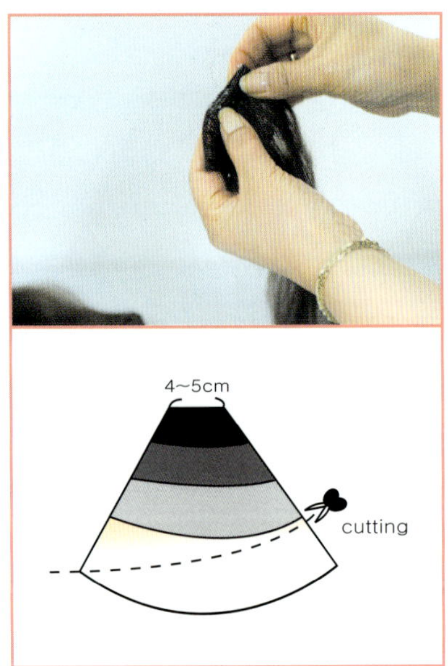

부 채

4) 제작된 피스 블리치

(1) 블리치제 재료

가루 탈색제, 산화제(6%, 9%), 전동 저울, 염색볼, 염색 브러시, 가운, 장갑, 신문, 호일, 트리트먼트제, 샴푸, 린스, 타올 등

피스 탈색하기

모발의 명도에 따른 적절한 비율(탈색제 : 산화제 = 1 : 1.2)의 브리치제를 조제하여 피스 전체의 1/3 정도를 제외한 2/3 지점을 한쪽 사이드부터 명도가 가장 어두운 색 → 중간 갈색 → 밝은 갈색 → 하이라이트 순의 그라데이션 기법으로 탈색한다.

① 피스와 블리치 재료 ② 블리치제 도포 ③ 블리치제 도포후 방치 ④ 블리치된 상태

탈색 과정

5) 액세서리 만들기

① 액세서리는 최소 2개에서 최대 3개까지 사용 가능하다.
② 액세서리가 전체 두상의 30% 이상을 차지하면 안 되며 베이스가 보여야 한다.
③ 도구에는 가는 철사, 글루건, 바늘, 실 등이 있으며 소품 유형으로는 각종 장식물(비즈, 큐빅, 반짝이), 깃털 종류, 자연 조형물 등으로 가는 철사나 핀 등에 부착해서 여러 가지 크기나 모양, 색상으로 디자인 구도를 잡아 대, 중, 소 크기로 만든다.
④ 헤어바이나이트 작품의 컨셉에 맞춰 귀걸이, 목걸이 등도 화려하게 연출한다.

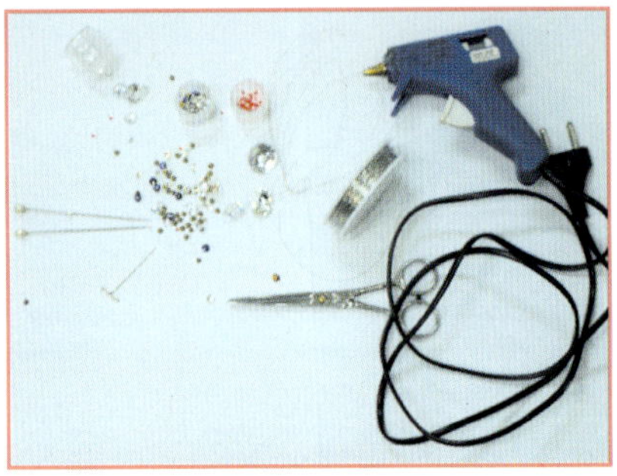

액세서리 재료

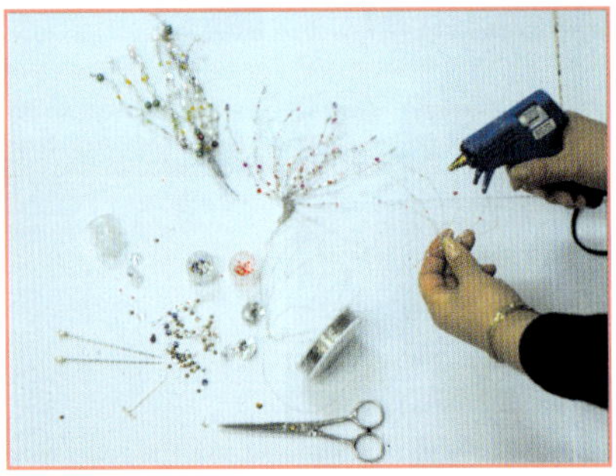

액세서리 만드는 과정

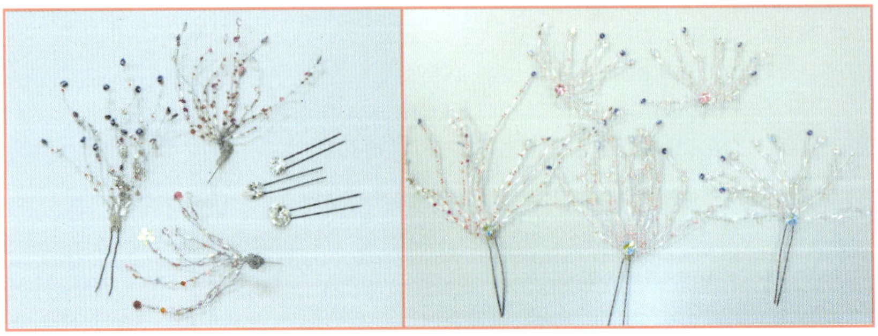

제작 완성된 액세서리

6) 헤어바이 나이트용 제작된 피스 컬러링

(1) 컬러링 색상

레드, 오렌지, 라이트오렌지, 투명

(2) 피스컬러링 하기

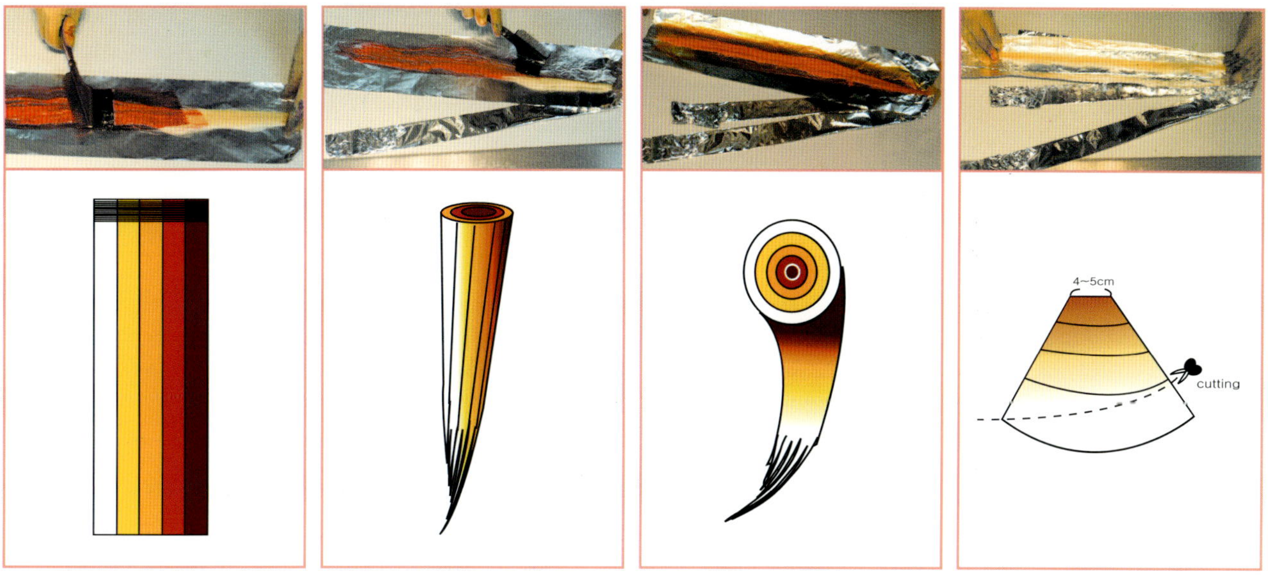

① 피스와 블리치 재료　② 블리치제 도포　③ 블리치제 도포후 방치　④ 블리치된 상태

탈색 과정

(3) 피스 커팅과 질감내기

컨셉에 맞는 디자인에 따라 적당한 길이로 커트하고 머리다발 끝으로 갈수록 붓 끝처럼 가늘고 가벼운 느낌이 들도록 테이퍼 가위로 실삼 처리 한다.

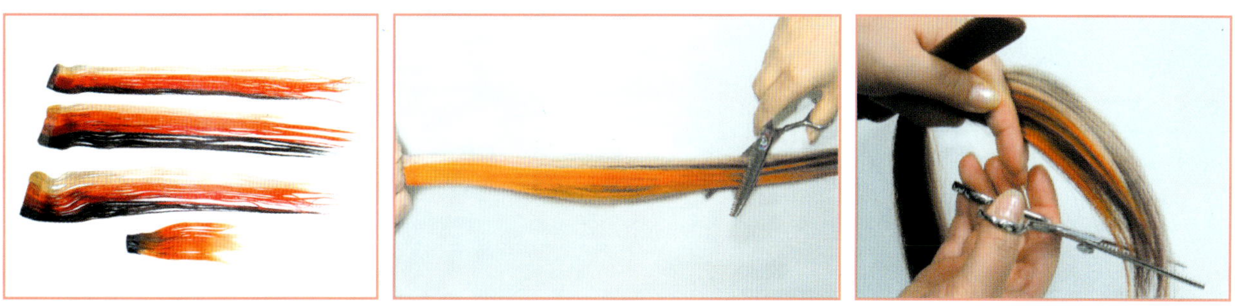

(4) 피스 드라이

대, 중, 소 크기의 피스를 라운드 롤 브러시로 볼륨을 주어 매끄럽게 드라이해서 굵은 세트롤에 감아 놓는다.

① 드라이 순서

a. 커트된 피스를 브러싱 한다.

b. 롤 브러시(대)를 이용해 피스 시작점부터 볼륨 드라이한다.

c. 광택 스프레이를 골고루 도포하여 곱게 빗질해주며, 스프레이를 골고루 분사하여 세트롤에 감는다.

20 년 월 일

작품 내용 :

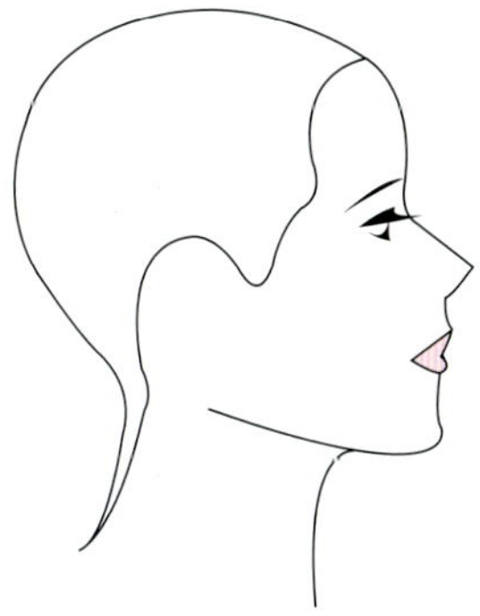

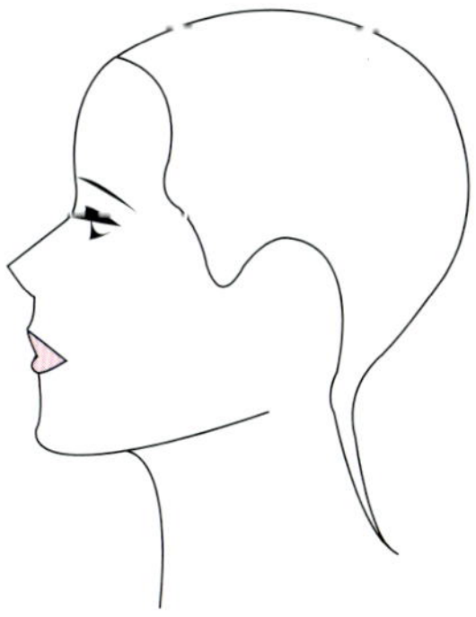

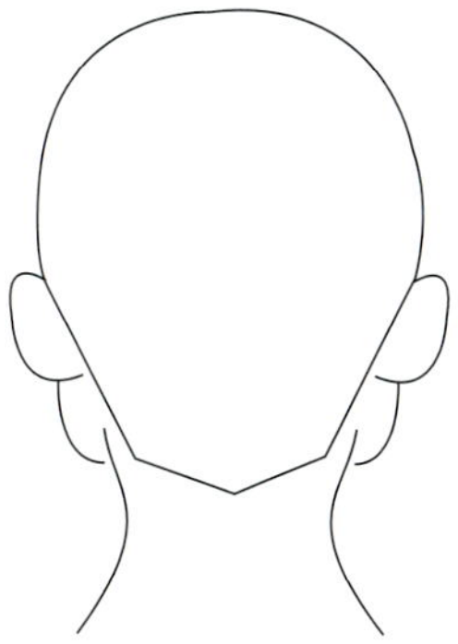

20　　년　　월　　일	
작품 내용 :	
전 면	
우측면	
좌측면	
후 면	

(5) 브로우 드라이 순서

① 양면 브러시 몰딩

a. 크리에이티브 스타일의 짧은 숏 헤어를 업스타일 형태로 디자인 하기 위해서 30%의 수분과 무스를 전체적으로 골고루 도포한다. 양면브러시 사용으로 모근교정과, 방향감을 업세이핑 한다.

b. 귀뒤 → 귀위 → 사이드 →네이프 순으로 C,J 흐름 업세이핑(좌, 우)

② 라운드 브러시 드라이

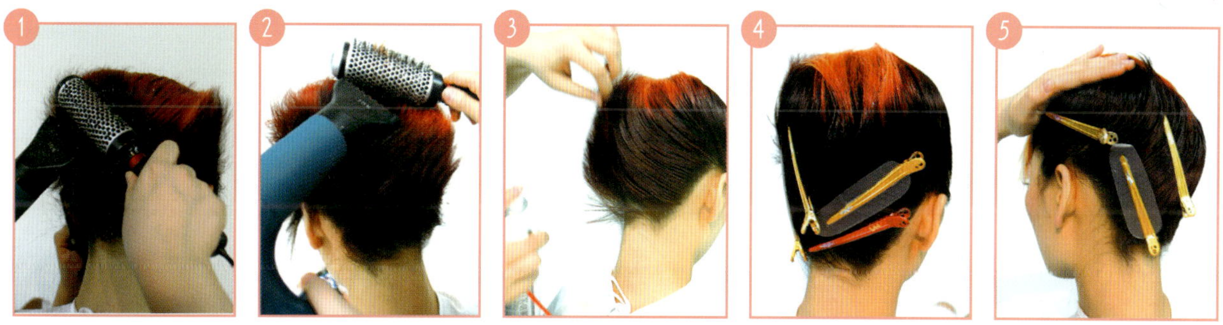

라운드 브러시로 모근쪽에 밀착감을 주면서 양사이드 → 귀뒤 → 귀위 → 네이프 → 백 → 톱 → 전두부까지 C,S,J 흐름으로 플렛(납작)하게 업세이핑 드라이한 다음 무스나, 스프레이로 매끄럽게 밀착시킨다.

③ 몰딩과 고정

전체적으로 C,S,J 흐름으로 연결되어 업세이핑 된 모발을 전두부의 프린지 부분에 모아서 핀으로 매끄럽게 고정시킨다.

④ 전두부 헤어피스 위치 고정

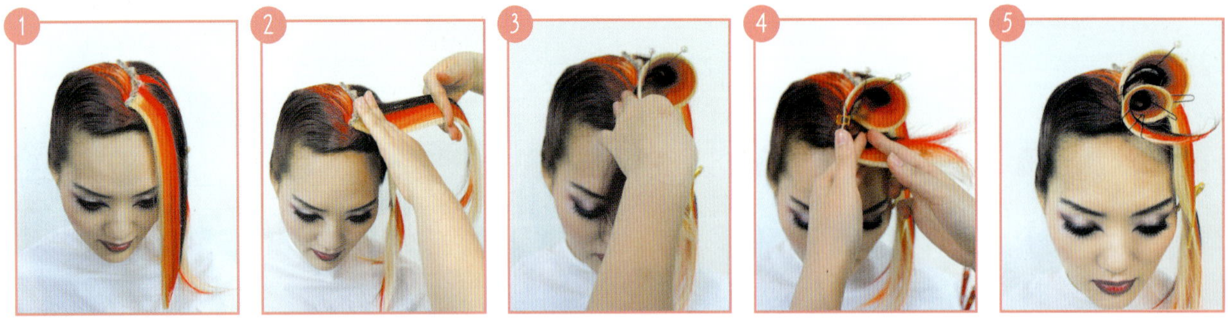

a. 전두부 센터의 약간 오른쪽에서 헤어피스 3개를 1/2씩 겹쳐서 하이라이트 부분이 앞쪽으로 오도록 하여 핀으로 고정한다.
b. 겹쳐있는 가장 윗부분의 판넬을 한바퀴 돌려 루프를 만들어서 안쪽에 스프레이를 분사 후 핀컬핀, U핀을 사용하여 임시 고정해준다.
c. 모발끝을 잡고 앞쪽으로 한바퀴반 회전시켜 고정한 후 끝머리는 매끄럽게 정리한다.

⑤ 전두부 헤어피스 모양 디자인 하기

a. 두번째 판넬을 첫 번째 판넬의 루프보다 더 크게 형성하고 고정해 준다.
b. 세번째 판넬도 두 번째 판넬의 루프보다 더 크게 형성하고 핀으로 고정하고 스프레이 분사후 약한 드라이 바람으로 고정한다(소라 모양).

⑥ 전두부 디자인 완성

a. 세번째의 나머지 부분 패널을 윗 방향으로 돌리면서 하이라이트 라인이 최대한 가늘고 매끄럽게 작은 루프를 만들어 스프레이와 U핀으로 고정해 준다.
b. 두번째의 나머지 부분 패널은 작은 루프를 감싸듯 C컬의 흐름으로 펴서 광택 스프레이를 분사하며 굵은 빗살로 빗질한 후 슬라이스를 가늘게 빼면서 C컬의 흐름으로 고정한다.

⑦ 네이프 피스 디자인

a. 네이프에 피스를 핀으로 고정한다.
b. 판넬에 광택 스프레이를 분사하여 굵은 빗살로 빗질 후 슬라이스를 가늘게 빼서 라운드로 고정한다.
c. 모발 끝부분을 잡고 윗방향으로 돌려 ②와 같은 기법으로 루프를 만들어 고정한다.

⑧ 토탈 완성

a. 루프의 안쪽과 바깥쪽에 스프레이를 분사하여 고정하고 핀컬과 U핀을 제거해 준다.
b. 준비한 액세서리를 톱, 사이드, 네이프의 포인트를 강조하며 작품의 구도에 맞게 연출한다.
c. 의상과 메이크업 역시 스타일의 컨셉에 어울리게 코디한다.

헤어바이나이트 토탈 스타일 완성

20 년 월 일

작품 내용 :

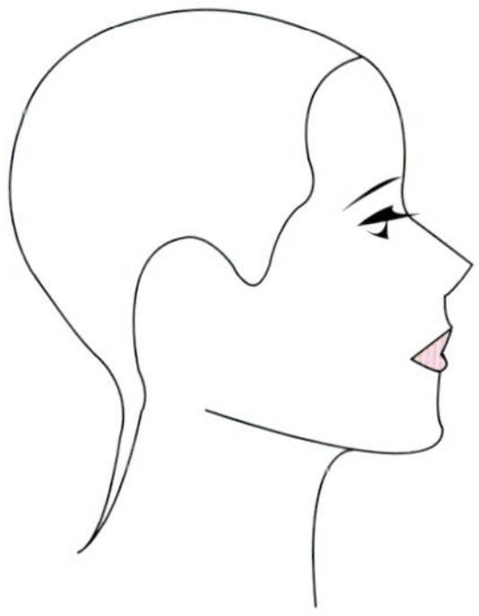

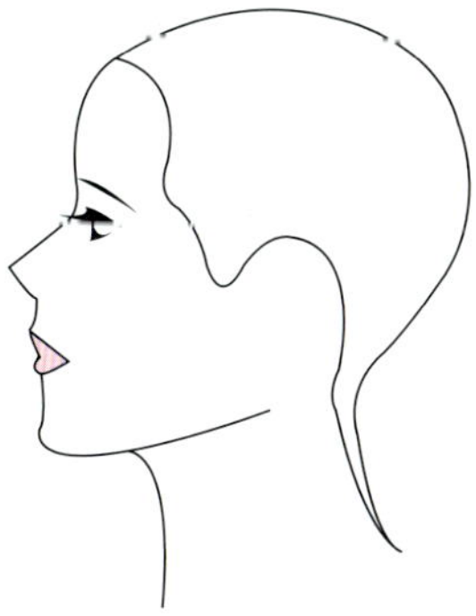

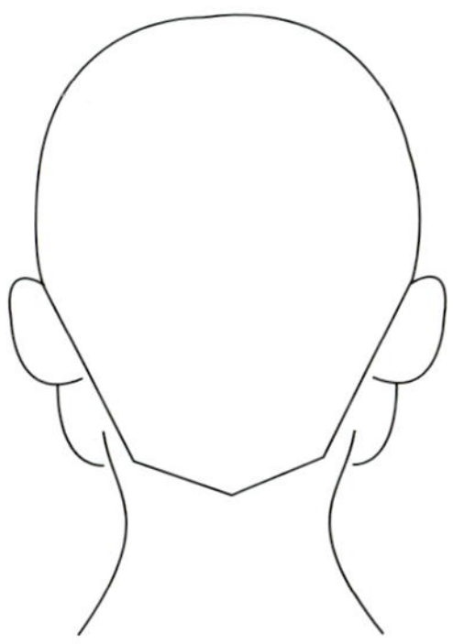

20　　년　　월　　일	
작품 내용 :	
전 면	
우측면	
좌측면	
후 면	

2. 레드 바이올렛 헤어바이나이트 Ⅱ

크리에이티브 커트 스타일을 다운 세이핑으로 몰딩하고, 제작된 피스를 컬러링 하여 하이라이트 라인으로 선을 강조하여 헤어바이나이트 스타일을 완성한다.

악세서리와 메이크업으로 포인트를 주어 화려함을 강조하고 우아하고 드레시한 의상 연출과 토탈 스타일로 예술적 감각을 연출한다.

Before

After

1) 제작 과정

짧은 머리형에서 우아한 파티 업 스타일 형태의 헤어 디자인을 연출하기 위해서는 드라이, 무스, 빗, 브러시 등으로 몰딩한다. 작품을 시술하기 전 모류의 방향에 따라 뿌리 부분을 양면브러시로 납작(플렛)하게 업세이핑(올려빗기), 다운 세이핑(내려빗기)으로 두상 전체에 C,S,J 라인 흐름의 방향을 잡아 몰딩 한다.

제작한 조각피스는 2~3개 정도 사용하기위해 둥글게 볼륨 드라이해 놓는다. 롱 헤어 형으로 연출하며, 위치에 따라서 삼각형, 다이아몬드형, 장방형 등으로 플러프한 분수 모양이나 입체적인 느낌의 다양한 모양으로 디자인 한다.

2) 헤어피스 제작

(1) 헤어피스 제작 과정

준비 도구

헤어 웨프트 피스(밝은 톤과 어두운 톤), 실리콘총(글루건), 가위, 칼, 실, 바늘 등

3) 헤어피스 제작 방법 및 순서

헤어 웨프트 피스의 거칠고 짧은 머리가 많은 쪽이 안쪽으로 접하도록 제작한다.

① 大 : 3.5cm씩 7번 접어서 글루건 접착이나 실, 바늘로 제작한다.
② 中 : 3.5cm씩 6번 접어서 글루건 접착이나 실, 바늘로 제작한다.
③ 小 : 3.5cm씩 5번 접어서 글루건 접착이나 실, 바늘로 제작한다.

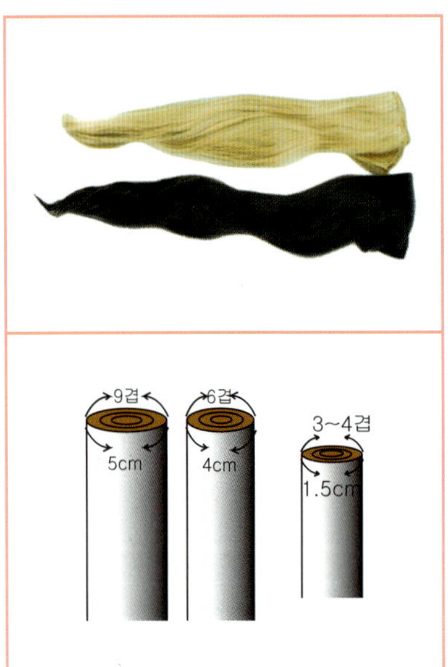

대, 중, 소

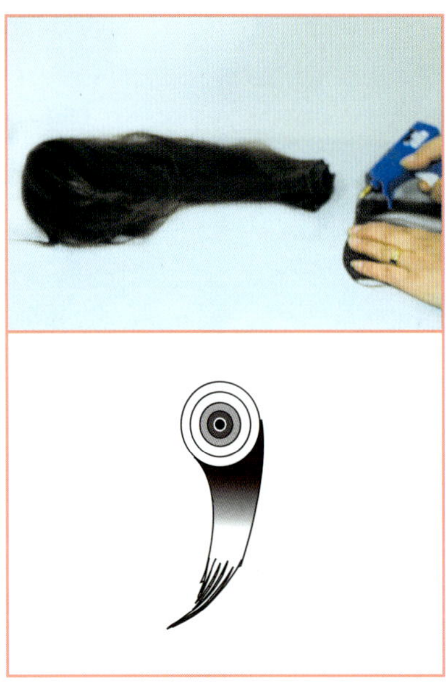

분 수

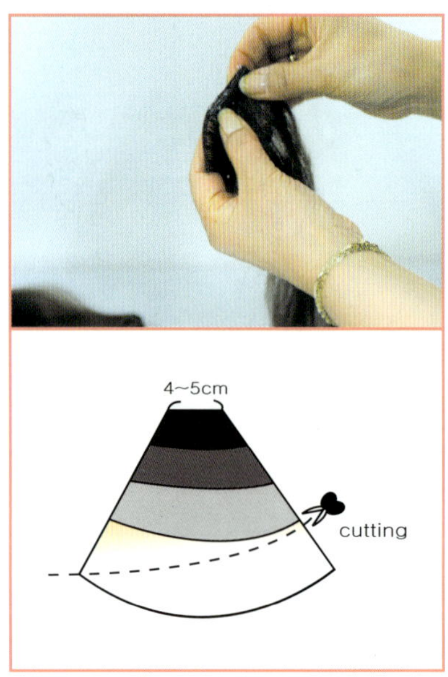

부 채

4) 제작된 피스 블리치

(1) 블리치제 재료

가루 탈색제, 산화제(6%, 9%), 전동저울, 염색볼, 염색 브러시, 가운, 장갑, 신문, 호일, 트리트먼트제, 샴푸, 린스, 타올 등

피스 탈색하기

모발의 명도에 따른 적절한 비율(탈색제 : 산화제 = 1 : 1.2)의 브리치제를 조제하여 피스 전체의 1/3 정도를 제외한 2/3 지점을 한쪽사이드 부터 명도가 가장 어두운 색 → 중간 갈색 → 밝은 갈색 → 하이라이트순의 그라데이션 기법으로 탈색한다.

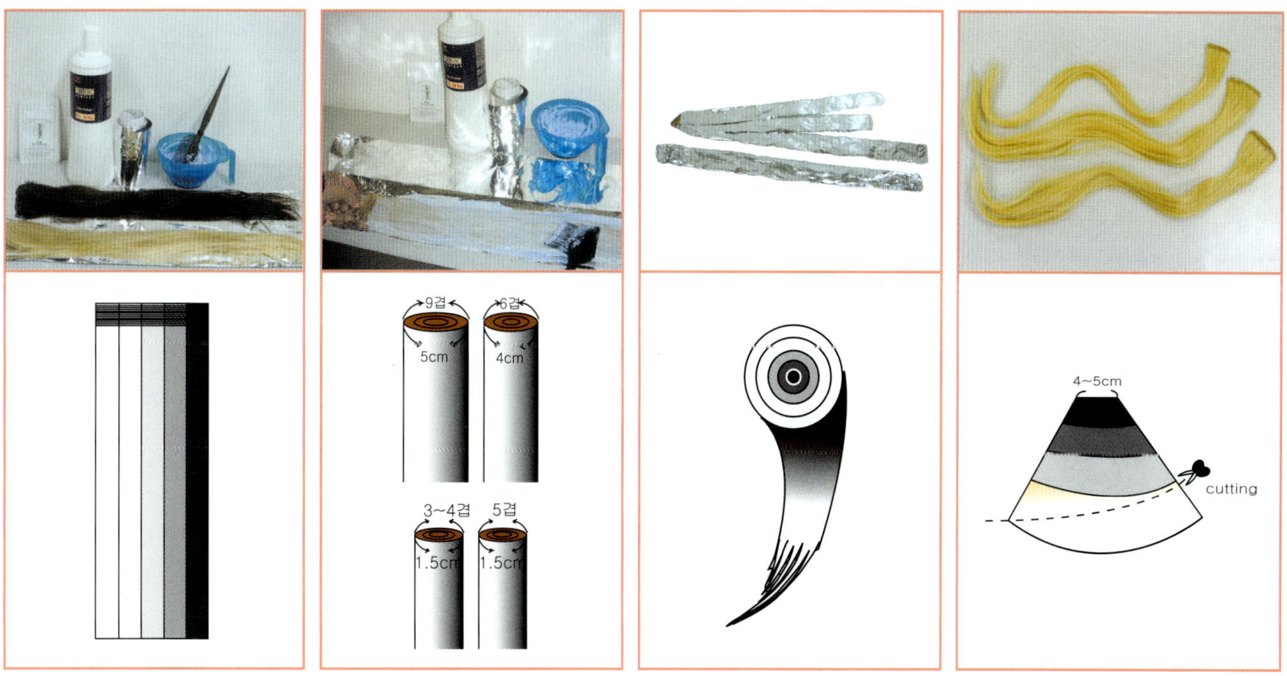

① 피스와 블리치 재료 ② 블리치제 도포 ③ 블리치제 도포후 방치 ④ 블리치된 상태

탈색 과정

5) 액세서리 만들기

① 액세서리는 최소 2개에서 최대 3개까지 사용 가능하다.
② 액세서리가 전체 두상의 30% 이상을 차지하면 안 되며 베이스가 보여야 한다.
③ 도구에는 가는 철사, 글루건, 바늘, 실 등이 있으며 소품 유형으로는 각종 장식물(비즈, 큐빅, 반짝이), 깃털 종류, 자연 조형물 등으로 가는 철사나 핀 등에 부착해서 여러 가지 크기나 모양, 색상으로 디자인 구도를 잡아 대, 중, 소 크기로 만든다.
④ 헤어바이나이트 작품의 컨셉에 맞춰 귀걸이, 목걸이 등도 화려하게 연출한다.

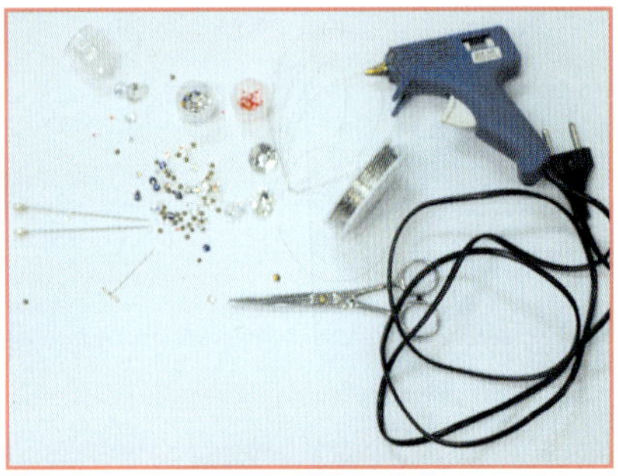

액세서리 재료

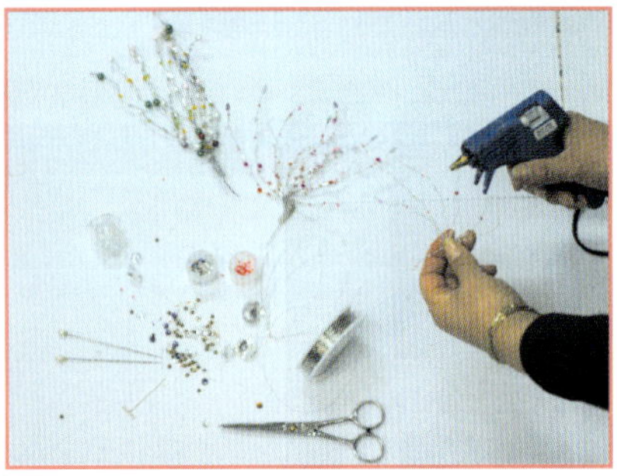

액세서리 만드는 과정

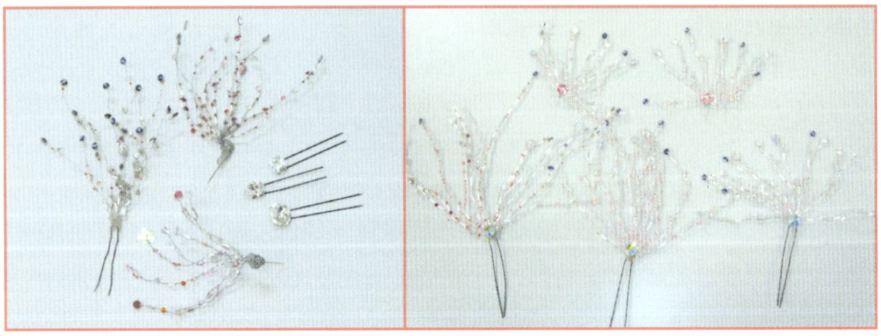

제작 완성된 액세서리

6) 헤어바이 나이트용 제작된 피스 컬러링

(1) 컬러링 색상

레드 바이올렛, 오렌지, 라이트오렌지, 투명

(2) 피스컬러링

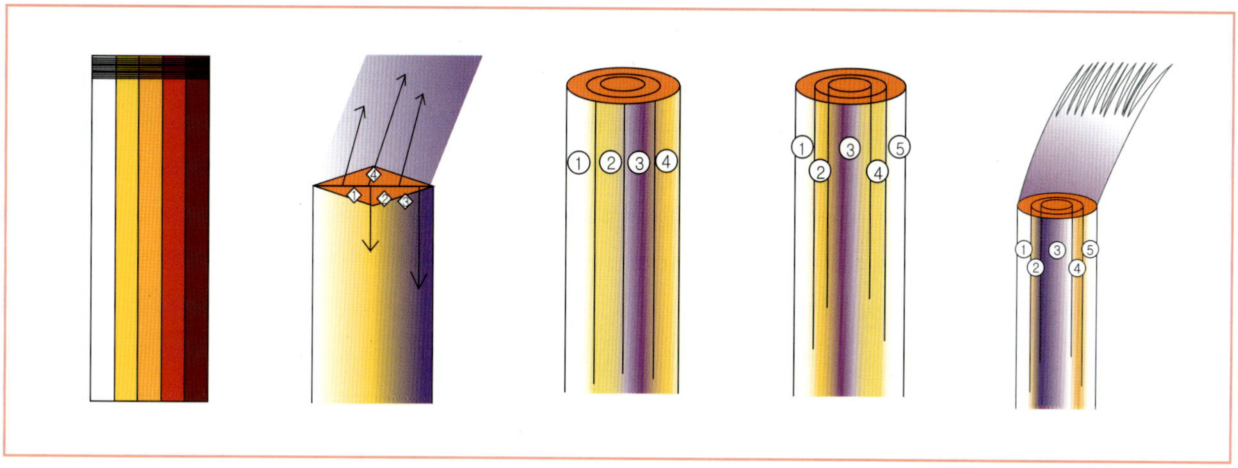

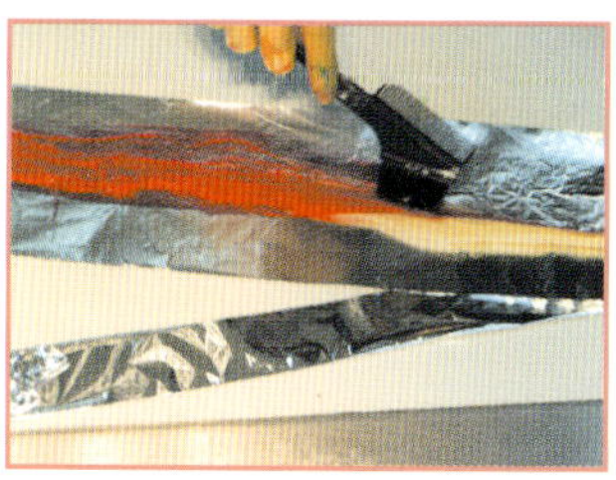

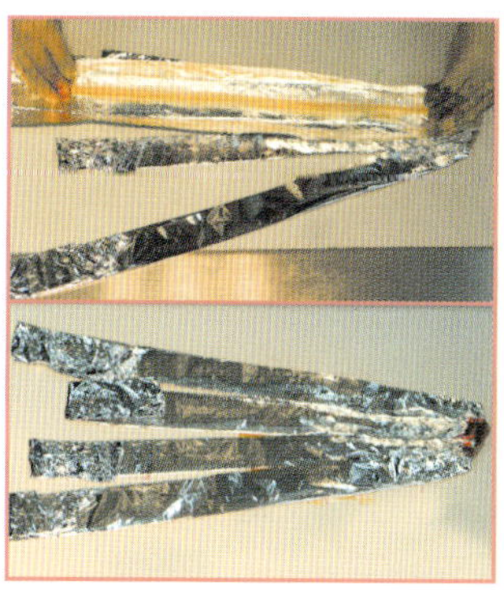

① 1번 피스

a. 1번피스의 가로 1/2은 레드 바이올렛 컬러를 도포한다.
b. 나머지 1/2은 1,2,3겹 가로 슬라이스로 나누어 겉표면 윗쪽으로 올라올수록 점점 밝게 블리치하고 컬러제품을 도포한다.
c. 1번 위는 오렌지 컬러제품을 도포한다.
d. 다음 슬라이스는 옐로우 오렌지 컬러제품을 도포한다.
e. 마지막 슬라이스는 12레벨 이상의 하이라이트 한다.

② 2번 피스

a. 레드바이올렛 컬러제품을 도포한다.
b. 오렌지 컬러제품을 도포한다.
c. 옐로우 오렌지 컬러제품을 도포한다.
d. 하이라이트 처리 후 헹군다.

③ 3번 피스

a. '5' 번의 양쪽라인은 하이라이트 한다.
b. '4' 는 오렌지 또는 라이트 오렌지 컬러링 한다.
c. 레드 바이올렛 컬러색을 도포한다.
d. 방치 후 색이 섞어지 않도록 하이라이트를 보호하며 헹군다.

④ 4번 피스

전체 가로 슬라이스 1/2은 레드 바이올렛 컬러링 한다.

a. '5' 번 위치는 하이라이트 컬러로 보호한다.
b. '4' 번 라인은 오렌지 색상 컬러링 한다.
c. 하이라이트 처리 후 헹군다.
d. 어두운 색부터 차가운 물로 헹구며 색상이 서로 섞이지 않게 하이라이트를 보호하면서 샴푸와 린스를 하고 드라이어로 건조시킨다.

(3) 피스커팅과 질감내기

컨셉에 맞는 디자인에 따라 적당한 길이로 커트하고 머리다발 끝으로 갈수록 붓 끝처럼 가늘고 가벼운 느낌이 들도록 테이퍼 가위로 질감처리 한다.

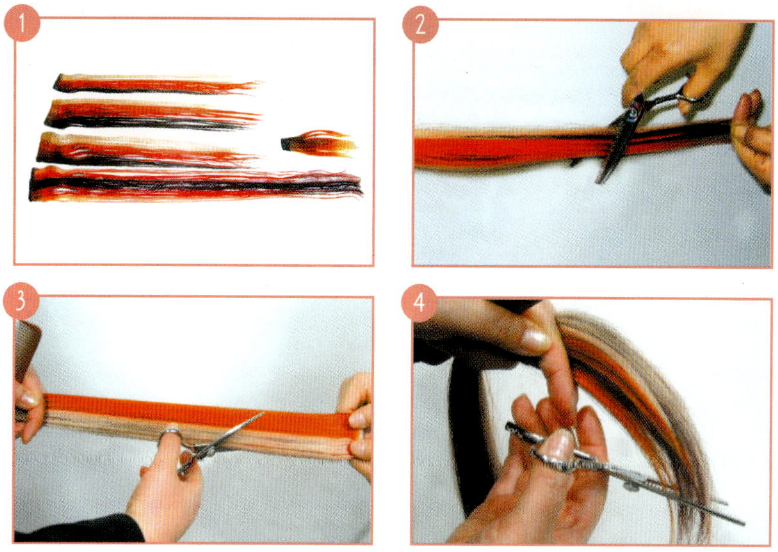

(4) 피스 드라이

대, 중, 소 크기의 피스를 라운드 롤 브러시로 볼륨을 주어 매끄럽게 드라이해서 굵은 세트롤에 감아 놓는다.

① 드라이 순서

a. 커트된 피스를 브러싱 한다.
b. 롤 브러시(대)를 이용해 피스 시작점부터 볼륨 주며 드라이한다.
c. 광택 스프레이를 골고루 도포하여 곱게 빗질해주며, 스프레이를 골고루 분사하여 세트롤에 감는다.

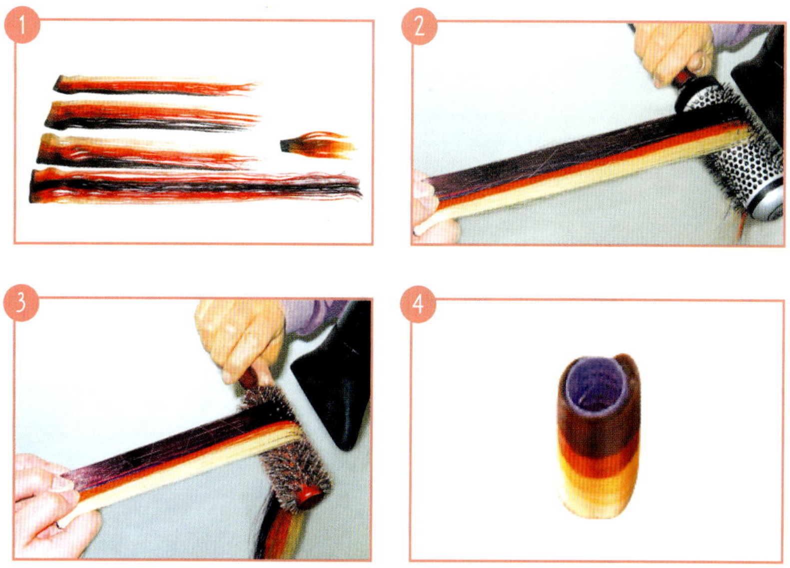

(5) 브로우 드라이 순서

① 사이드~귀 뒤~네이프

a. 무스를 전체 도포한다.

b. 귀 뒤~사이드~네이프까지 다운 세이핑으로 브러시와 드라이가 같은 방향으로 움직이며 C,J라인으로 두상에 밀착시킨다.

c. 반대쪽도 같은 방법으로 한다.

② 백~톱

백의 컬러링된 부분은 큰 C라인으로 톱을 향해 빗어주며 다운 세이핑하여 네이프 크라운의 몰딩 방향과 연결한다.

③ 전두부

왼쪽 파트에서 두상에 밀착시켜 백을 향해 C라인으로 연결한다.

④ 몰딩 완성 및 피스와 싱 고정

a. 백의 하이라이트가 끝나는 좌측 네이프 부분에 남긴 긴 모발들을 하나로 모아 트위스트해서 모발이 튀어나오지 않도록 스프레이로 고정시킨다.
b. 피스 고정 : 전두부에 1번 피스를 사선으로 2번 피스를 톱에서 수평으로 고정한 다음 그 위에 보조싱을 비대칭 하게 놓고 상, 하, 좌, 우 실핀으로 고정한다.

⑤ 전두부 피스 연출

1번 피스의 적보라(어두운 계열) 컬러만 잡아 보조싱을 비대칭으로 감싸주고 남은 모발은 그 옆에 고정시켜 놓는다.

⑥ 전두부 피스 모양 만들기

a. 오렌지와 하이라이트 부분이 겉으로 드러나게 헤어라인쪽은 크고 톱을 향해 비대칭 위치에 점점 작아지는 가늘고 매끄러운 C라인을 단계적으로 점점 높게 만든다.
b. 남은 모발 끝 부분은 우측 사이드에 롤 모양으로 매끄럽게 고정한다.

⑦ 톱, 백, 네이프 완성

a. 고정된 2번 피스를 굵은 빗살로 C라인으로 빗어 모발 사이를 엄지와 검지로 슬라이스 라인을 둥글게 만든다.
b. 남은 모발은 톱에서 백으로 내리면서 슬라이스 라인으로 볼륨 형태로 고정한다.
c. 네이프 고정된 부분까지 감아서 마무리 한다.

⑧ 레드 바이올렛 헤어바이나이트 스타일 토탈 완성

a. 3번 피스를 톱에 4번 피스는 우측 사이드에서 모델 얼굴쪽에 고정시켜 깃털처럼 가볍게 부채모양으로 펼쳐서 고정시킨다.
b. 제작된 액세서리를 톱, 사이드 네이프에 고정하고 전체적으로 헤어, 메이크업, 의상, 액세서리 등의 균형감 있는 토탈 패션 스타일을 연출한다.

헤어바이나이트 토탈 스타일 완성

20　　년　　월　　일

작품 내용 :

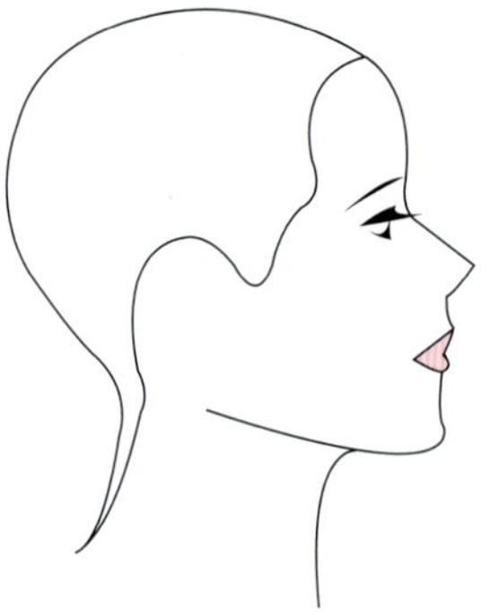

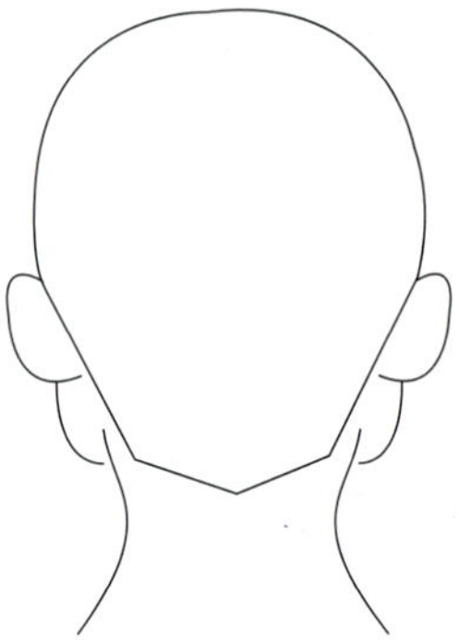

20　　년　　월　　일	
작품 내용 :	
전 면	
우측면	
좌측면	
후 면	

3. 바이올렛 계열 헤어바이나이트 Ⅲ

크리에이티브 스타일의 커트된 모발에 업세이핑과 다운세이핑으로 드라이한 모발에 제작 컬러링된 헤어피스를 톱과 네이프에 연장 고정, 하이라이트를 강조한 슬림하고 우아한 헤어바이나이트의 메이크업 의상으로 화려한 토탈 스타일로 연출을 하였다.

Before

After

1) 제작 과정

짧은 머리형에서 우아한 파티 업 스타일 형태의 헤어 디자인을 연출하기 위해서는 드라이, 무스, 빗, 브러시 등으로 몰딩하며 작품을 시술하기 전 모류의 방향에 따라 뿌리 부분을 양면브러시로 납작(플렛)하게 업세이핑(올려빗기), 다운 세이핑(내려빗기)로 두상 전체에 C,S,J 라인흐름의 방향을 잡아 몰딩한다.

제작한 조각피스는 2~3개 정도 사용하기 위해 둥글게 볼륨 드라이해서 롱헤어 형으로 연출하며, 위치에 따라서 삼각형, 다이아몬드형, 장방형 등으로 플러프한 분수 모양이나 입체적인 느낌의 다양한 모양으로 디자인 한다.

2) 헤어피스 제작

(1) 헤어피스 제작 과정

준비 도구

헤어 웨프트 피스(밝은톤과 어두운톤), 실리콘총(글루건), 가위, 칼, 실, 바늘 등

3) 헤어피스 제작 방법 및 순서

헤어 웨프트 피스의 거칠고 짧은 머리가 많은 쪽이 안쪽으로 접히도록 제작한다.

① 大 : 3.5cm씩 7번 접어서 글루건 접착이나 실, 바늘로 제작한다.
② 中 : 3.5cm씩 6번 접어서 글루건 접착이나 실, 바늘로 제작한다.
③ 小 : 3.5cm씩 5번 접어서 글루건 접착이나 실, 바늘로 제작한다.

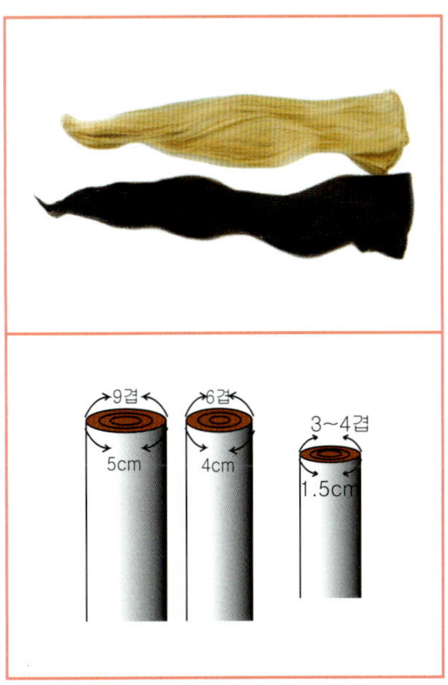

대, 중, 소

분 수

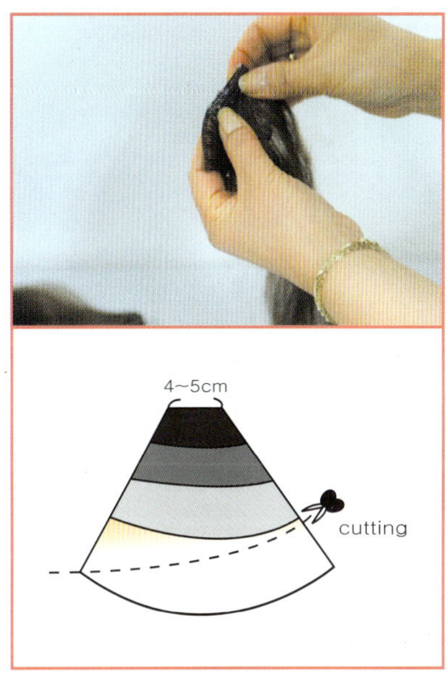

부 채

4) 제작된 피스 블리치

(1) 블리치제 재료

가루 탈색제, 산화제(9%, 6%), 양조절 전동저울, 염색볼, 염색 브러시, 가운, 장갑, 신문, 호일, 트리트먼트제, 샴푸, 린스, 타올, 열처리 호일 등

피스 탈색하기

모발의 명도에 따른 적절한 비율(탈색제 : 1 = 산화제 : 1.2)의 브리치제를 조제하여 전체의 1/3 정도를 제외한 2/3 지점을 한쪽 사이드부터 명도가 가장 어두운 색 → 중간 갈색 → 밝은 갈색 → 하이라이트 순의 그라데이션 기법으로 탈색한다.

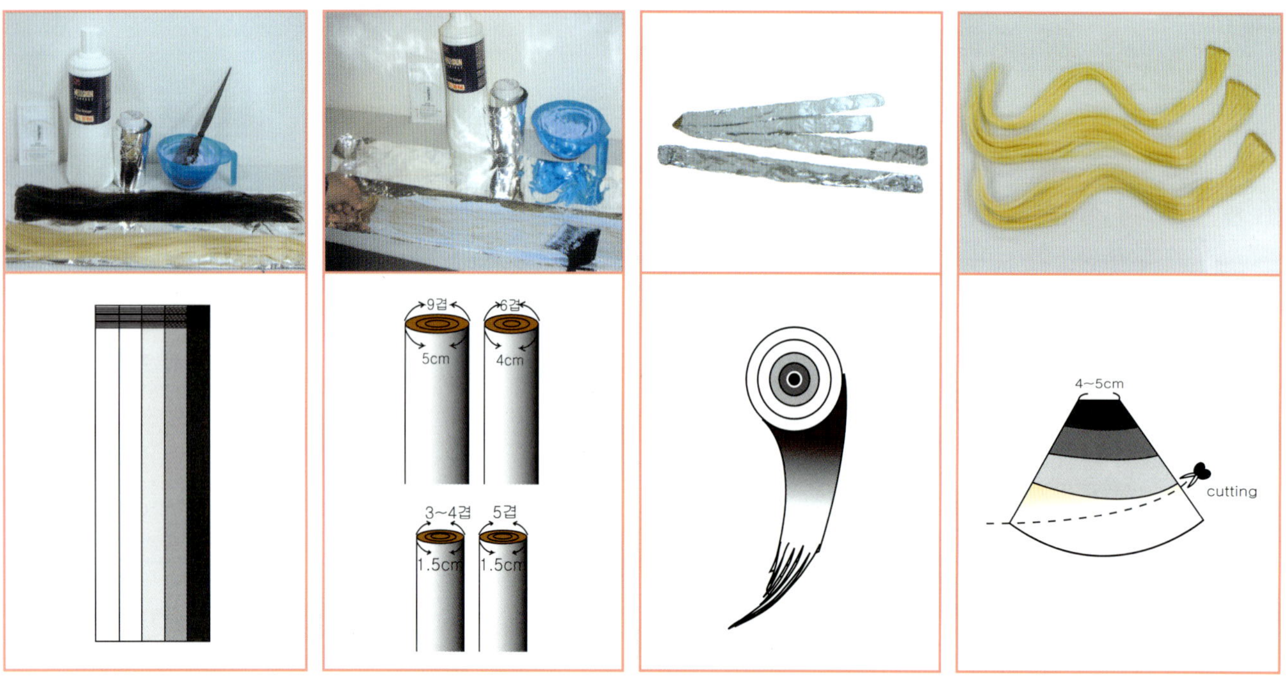

① 피스와 블리치 재료　② 블리치제 도포　③ 블리치제 도포후 방치　④ 블리치된 상태

탈색 과정

5) 액세서리 만들기

① 액세서리는 최소 2개에서 최대 3개까지 사용 가능하다.
② 액세서리가 전체 두상의 30% 이상을 차지하면 안 되며 베이스가 보여야 한다.
③ 도구에는 가는 철사, 글루건, 바늘, 실 등이 있으며 소품 유형으로는 각종 장식물(비즈, 큐빅, 반짝이) 깃털 종류, 자연 조형물 등으로 가는 철사나 핀 등에 부착해서 여러 가지 크기나 모양, 색상으로 디자인 구도를 잡아 대, 중, 소 크기로 만든다.
④ 헤어바이나이트 작품의 컨셉에 맞춰 귀걸이, 목걸이 등도 화려하게 연출한다.

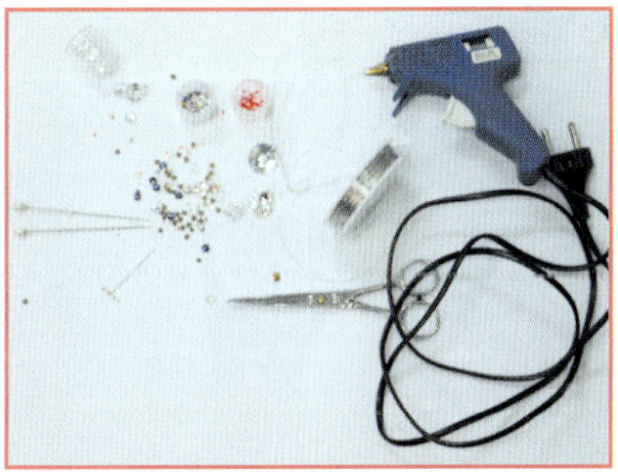

액세서리 재료

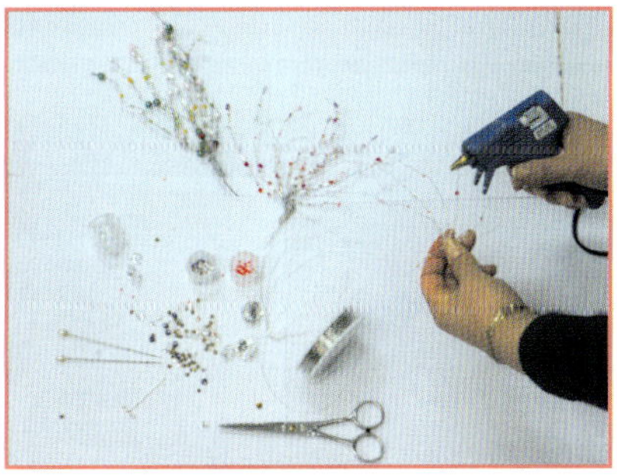

액세서리 만드는 과정

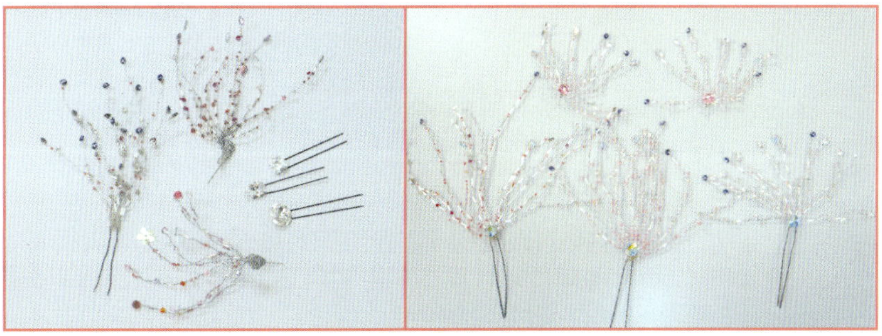

제작 완성된 액세서리

6) 헤어바이 나이트용 제작된 피스 컬러링

(1) 컬러링 색상

청보라, 보라, 연보라, 투명

(2) 컬러링 하기

① 한쪽 사이드에서부터 명도가 가장 어두운색 - 중간색 - 밝은색 - 하이라이트(적보라 → 청보라 → 보라 → 연보라 → 하이라이트)순의 그라데이션 컬러 기법으로 컨셉에 맞는 색을 도포하고, 하이라이트 부분은 색이 스며들지 않도록 철저히 보호 한다.

② 어두운 색부터 차가운 물로 헹구며 샴푸와 린스를 한 후 드라이어를 이용하여 건조시킨다.

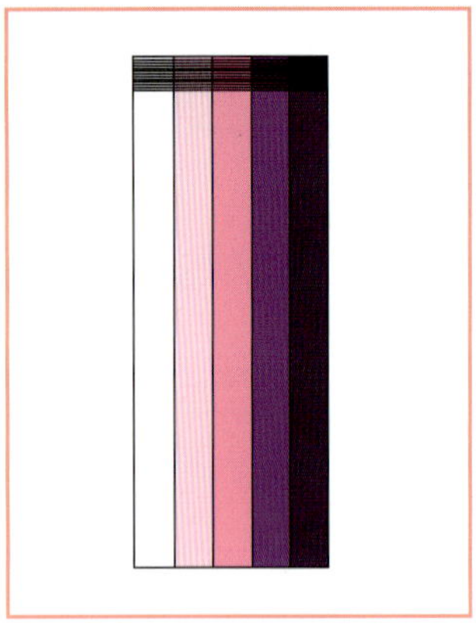

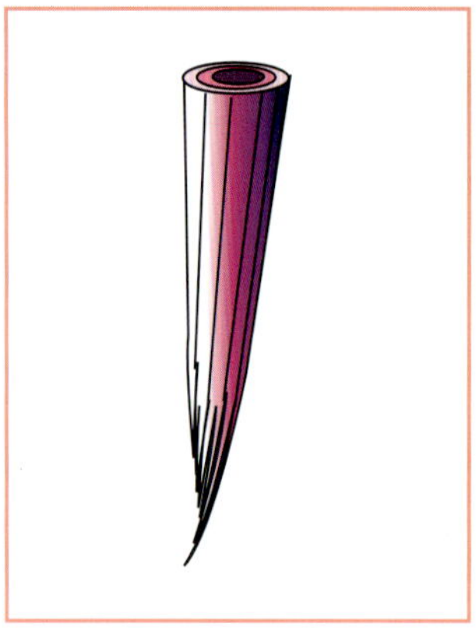

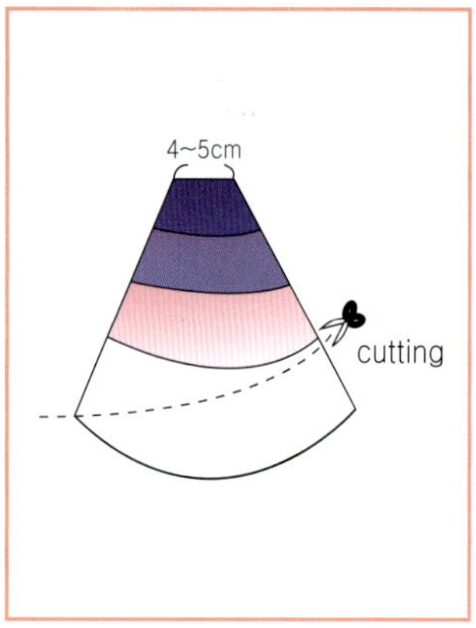

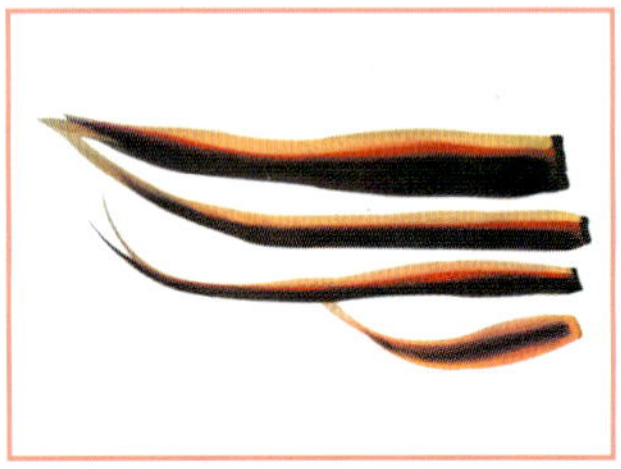

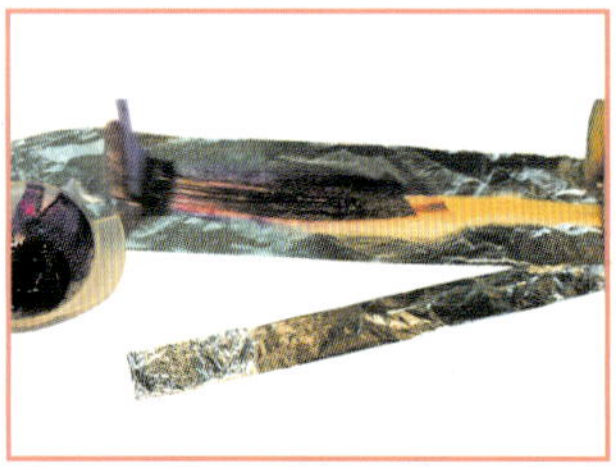

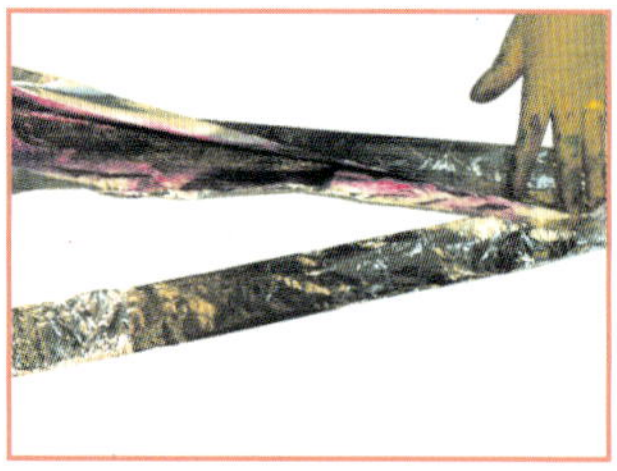

응용 창작 피스 블리치

① 넓이 1.5cm 헤어피스를 글루건을 이용하여 길이 40cm 피스 1개, 넓이 1.5cm, 길이 15cm 피스 6개, 넓이 3cm에 길이 15cm 피스를 5개 제작하여 준비한다.

② 모발 끝 부분은 어두운 색에서 끝부분으로 점점 밝은 하이라이트로 블리치 한다.

(3) 피스 커팅과 질감 내기

컨셉에 맞는 디자인에 따라 적당한 길이로 커트하고 머리다발 끝으로 갈수록 붓 끝처럼 가늘고 가벼운 느낌이 들도록 테이퍼 가위로 질감 처리 한다.

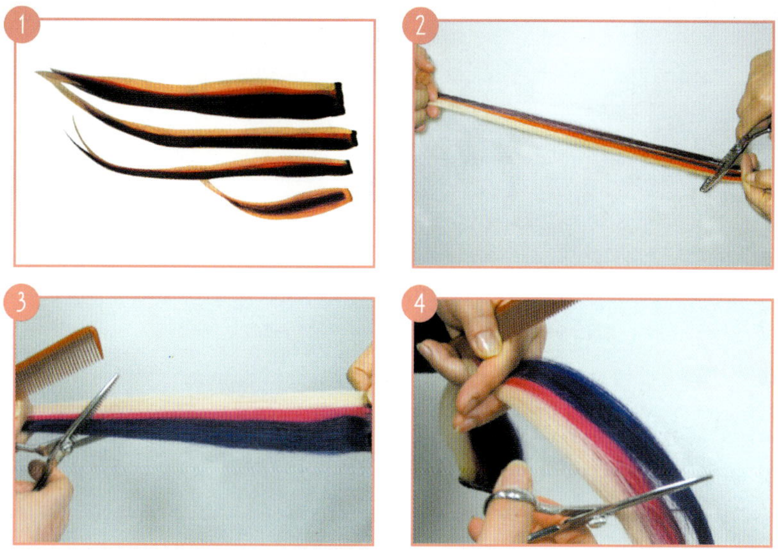

(4) 피스 드라이

대, 중, 소 크기의 피스를 라운드 롤 브러시로 볼륨을 주어 매끄럽게 드라이해서 굵은 세트롤에 감아 놓는다.

① 드라이 순서

a. 커트된 피스를 브러싱 한다.

b. 롤 브러시(대)를 이용해 피스 시작점부터 볼륨 드라이한다.

c. 광택 스프레이를 골고루 도포하여 곱게 빗질해주며, 스프레이를 골고루 분사하여 세트롤에 감는다.

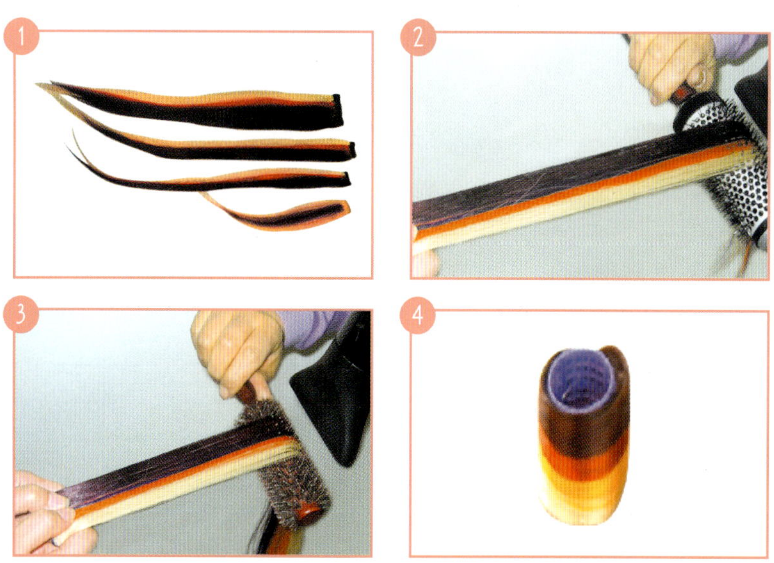

(5) 브로우 드라이 순서

① 네이프, 사이드, 크라운

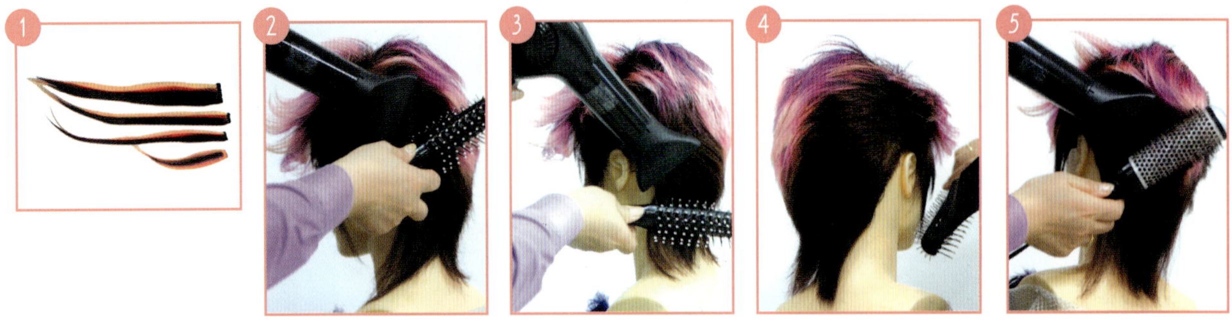

a. 귀 뒤~네이프~사이드까지 귀 뒤 순서로 브러시와 드라이가 같은 방향으로 움직이며 두상에 밀착시켜 C,J라인으로 붙인다.

b. 반대쪽도 같은 방법으로 한다.

c. 백의 하이라이트가 끝나는 좌측 네이프 부분에 남긴 긴 모발들을 하나로 모아 트위스트해서 모발이 튀어나오지 않도록 고정시킨다.

② 백~네이프

백의 컬러링된 부분은 우측 네이프 쪽으로 큰 C라인으로 톱을 향해 빗어주고, 네이프 사이드 쪽에 몰딩 고정한다.

③ 전두부

우측 사이드 코너에서 톱을 향해 둥근 원형으로 드라이 한다. 프린지는 모근쪽을 살려서 큰 C컬 드라이 하고, 왼쪽 사이드도 톱을 향해 C컬로 드라이 해서 깃털처럼 플러프(flap)한 느낌을 살린다.

④ 톱부분

톱 부분에 헤어 피스와 액세서리 연출 공간을 남기고, 매끄러운 C컬 드라이와 스프레이 분사해서 고정한다.

⑤ 드라이 몰딩 완성

사이드 부분은 부드러운 라인선으로 매끄럽게 두상과 볼에 밀착시키고, 정교한 C,J 라인으로 모델의 이미지에 따른 포인트를 강조한다.

⑥ 스타일링 과정(피스 고정 및 루프 형성)

톱의 빈공간에 제작된 1번 위에 2번을 고정, 먼저 타원형 루프(小)를 만든다. 다음 1번 피스를 2개의 가로 슬라이스해서 타원형 中, 大의 루프를 하이라이트에 얇게 강조해서 만든다.

⑦ 전두부 스타일 완성

a. 남은 모발을 大, 中, 小의 타원형 루프보다 더 작은 원형의 루프 大, 中, 小 크기로 하이라이트를 얇게 강조해서 만든다.
b. 남은 끝모발은 뒤쪽 톱에서 분수, 난 형태로 고정한다.

⑧ 네이프 피스 고정 및 스타일링 완성

a. 왼쪽 네이프 라인 2cm 위에 3번 피스를 사선 고정한다.
b. 밝은 색상이 바깥라인으로 짙은 색상은 원형 안쪽으로 슬라이스 해서 크고 작은 타원형을 만든다.
c. 남은 모발을 백에서 톱을 향해 얇고 매끄러운 S라인으로 연결한다.

⑨ 토탈스타일 완성

전체적으로 톱, 사이드, 네이프 빈공간이나 포인트 위치에 제작된 액세서리(Accessory)로 화려하게 연출한다.

1

2

헤어바이나이트 토탈 스타일 완성

20 년 월 일

작품 내용 :

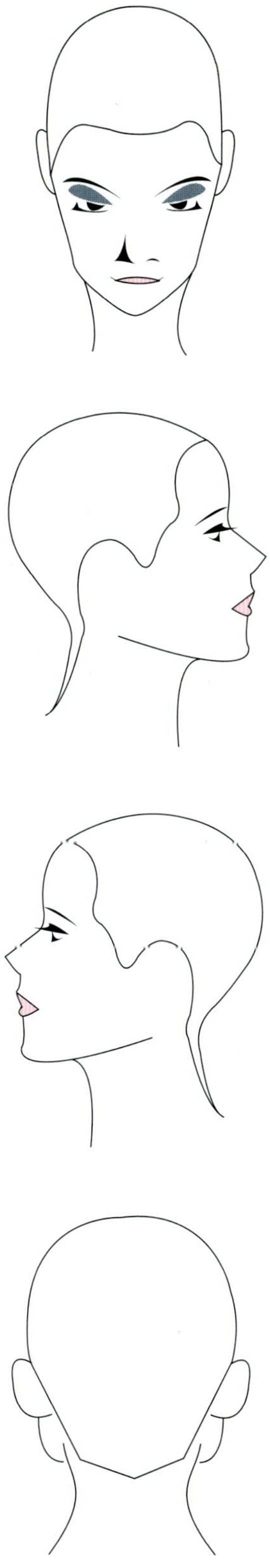

20　　년　　월　　일	
작품 내용 :	
전 면	
우측면	
좌측면	
후 면	

4. 헤어바이나이트 응용 창작 IV

바이올렛 헤어바이나이트 스타일이 완성된 상태에서 헤어웨프트 피스를 제작 및 컬러링하고, 줄기와 꽃잎, 꽃술을 만들어 백의 흐름과 연결해서 네이프에 핀 고정하고 앞쪽이나 뒷쪽으로 연출하여 덧붙여 화려하고 우아한 꽃피스를 만들어 창작 응용하여 액세서리와 함께 장식한다.

Before

After

1) 줄기 꽃 피스 제작과정

① 준비과정

a. 넓이 1.5cm 헤어피스를 글루건을 이용하여 길이 40cm 피스 1개, 길이 15cm 피스 6개, 넓이 3cm에 길이 15cm 피스를 5개 제작하여 준비한다.

b. 길이 15cm 피스를 전체 탈색하여 청보라 → 보라 → 연보라 → 하이라이트 순으로 그라데이션 컬러링하며, 하이라이트 부분은 전체 길이의 2/3를 남겨둔다.

c. 길이 40cm 피스는 탈색을 하지 않고 전체 보라색으로 컬러링 한다.

d. 방치한 다음, 어두운 색상 먼저 씻어내어 건조시키고, 하이라이트 부분은 흰백색으로 남긴다.

② 미니 피스 공모양 만들기

a. 아이롱으로 다림질을 하듯 C컬을 만든다.

b. 넓이가 3cm된 피스 3개는 둥근 공이나 볼을 이용하여 꼬리빗으로 피스를 넓고 얇게 펼친후 스프레이를 분사하여 고정시켜 준다.

③ 미니 피스 꽃모양 만들기

넓이 1.5cm에 길이 15cm 헤어피스는 얇게 골고루 펼쳐서 꽃잎을 만들어 3~4개씩 붙여 꽃잎, 꽃술을 만들어 스프레이를 분사하여 고정시킨다.

④ 꽃수술 넣어 꽃 만들기

만들어둔 꽃잎을 3~4장씩 모아 큐빅이나 비즈로 만든 액세서리를 꽃수술로 사용하여 예쁜꽃을 만들어 글루건으로 고정 시켜둔다.

⑤ 줄기와 잎 만들기

a. 넓이 1.5cm에 길이 40cm의 피스는 3~4가닥 땋기로 꽃잎의 줄기를 만든다.
b. 넓이 3cm에 길이 15cm 헤어피스 2개는 평평한 곳에 꼬리빗을 사용하여 C컬 모양으로 펼쳐서 스프레이를 분사하여 고정시켜 꽃줄기 잎을 만든다.

⑥ 줄기에 둥근 공모양과 잎 연결하기

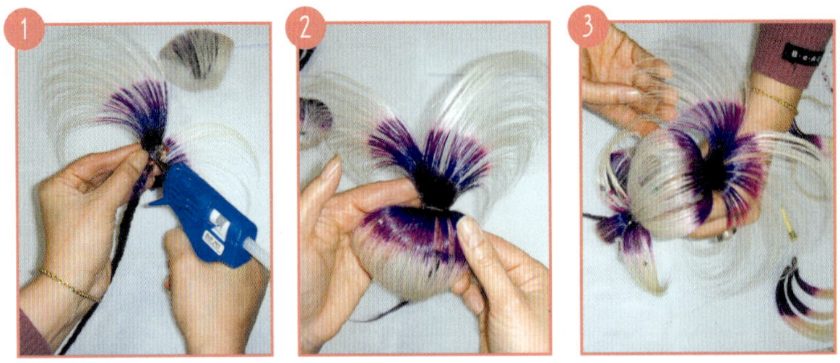

a. 40cm 정도의 3~4가닥 땋놓은 줄기 위에 넓게 펼쳐진 꽃잎을 붙여준다.
b. 작게 만든 꽃잎을 3~4개씩 꽃 모양으로 만들어 놓은 것을 붙여 고정하고, 둥근 공 모양의 피스를 붙이면서 계속 교대로 부착한다.

⑦ 줄기에 교대로 연결하기

a. 보라색 줄기에 만들어 놓은 꽃, 공, 잎 등을 교대로 장식연결하여, 고급스럽고 화려한 줄기꽃의 피스를 만든다.
b. 고정 스프레이를 분사하고 핀 등으로 단단히 고정시킨다.

⑧ 완성된 헤어바이나이트

a. 제작된 꽃피스는 헤어바이나이트의 완성된 스타일의 왼쪽 네이프 부분에 부착하고, 어깨선을 지나 대각 사선으로 앞가슴쪽에 끝부분을 화려하게 장식해 놓는다.
b. 전체적으로 의상, 메이크업, 액세서리와 피스 장식이 어우러진 화려하고 우아한 헤어바이나이트 스타일이 완성된다.

헤어바이나이트 토탈 스타일 완성

20　　년　　월　　일

작품 내용 :

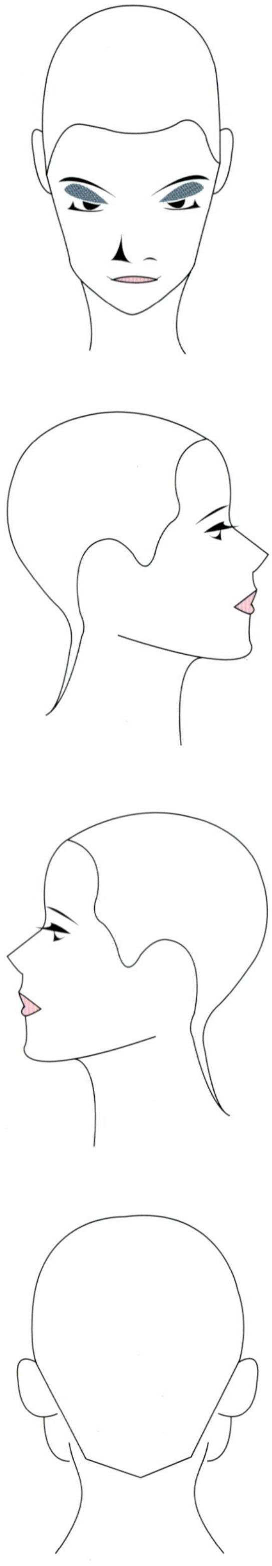

20　　년　　월　　일	
작품 내용 :	
전 면	
우측면	
좌측면	
후 면	

5. 그린 계열 헤어바이나이트 작품 Ⅴ

크리에이티브 커트된 모발에 다운세이핑 드라이 기법으로 몰딩후 제작된 그린계열 피스를 톱, 네이프에 연결하여 얇은 슬라이스 라인으로 4방향 디자인하여 액세서리와 함께 헤어바이나이트 스타일을 연출하였다.

Before

After

1) 헤어바이나이트 피스 제작 과정

짧은 머리형에서 우아한 파티 업 스타일 형태의 헤어 디자인을 연출하기 위해서는 드라이, 무스, 빗, 브러시 등으로 몰딩한다. 작품을 시술하기 전 모류의 방향에 따라 뿌리 부분을 양면브러시로 납작(플렛)한 업세이핑(올려빗기), 다운 세이핑(내려빗기)로 두상 전체에 C,S,J 라인 흐름의 방향을 잡아 몰딩한다.

제작한 피스는 2~3개 정도 사용하기위해 둥글게 볼륨 드라이해 놓는다. 롱헤어 형으로 연출하며, 위치에 따라서 삼각형, 다이아몬드형, 장방형 등으로 플러프한 분수 모양이나 입체적인 느낌의 다양한 모양으로 디자인 한다.

2) 헤어피스 제작

(1) 헤어피스 제작 과정

준비 도구

헤어 웨프트 피스(밝은 톤과 어두운 톤), 실리콘총(글루건), 가위, 칼, 실, 바늘 등

3) 헤어피스 제작 방법 및 순서

헤어 웨프트 피스의 거칠고 짧은 머리가 많은 쪽이 안쪽으로 접히도록 제작한다.

① 大 : 3.5cm씩 7번 접어서 글루건 접착이나 실, 바늘로 제작한다.
② 中 : 3.5cm씩 6번 접어서 글루건 접착이나 실, 바늘로 제작한다.
③ 小 : 3.5cm씩 5번 접어서 글루건 접착이나 실, 바늘로 제작한다.

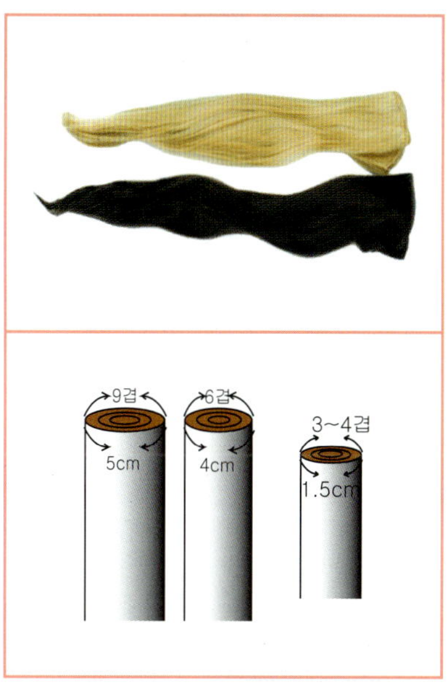

대, 중, 소

분 수

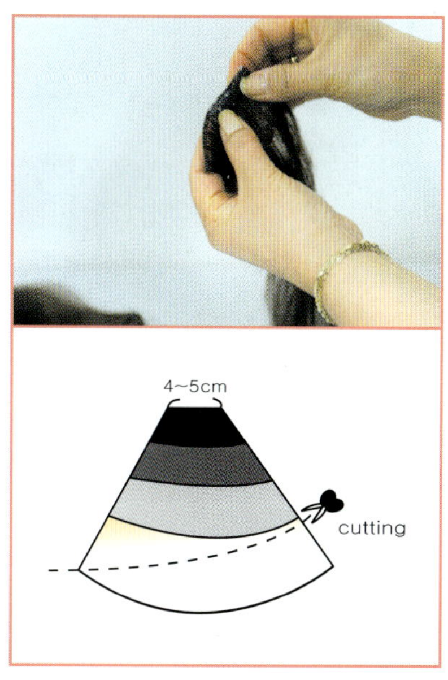

부 채

4) 제작된 헤어 피스 블리치

(1) 블리치 재료

가루 탈색제, 산화제(6%, 9%), 전동저울, 염색볼, 염색 브러시, 가운, 장갑, 신문, 호일, 트리트먼트제, 샴푸, 린스, 타올 등

헤어 피스 탈색하기

모발의 명도에 따른 적절한 비율(탈색제 : 산화제 = 1 : 1.2)의 브리치제를 조제하여 피스 전체의 1/3 정도를 제외한 2/3 지점을 한쪽사이드 부터 명도가 가장 어두운색 → 중간색 → 밝은색 → 하이라이트 순의 그라데이션 기법으로 탈색한다.

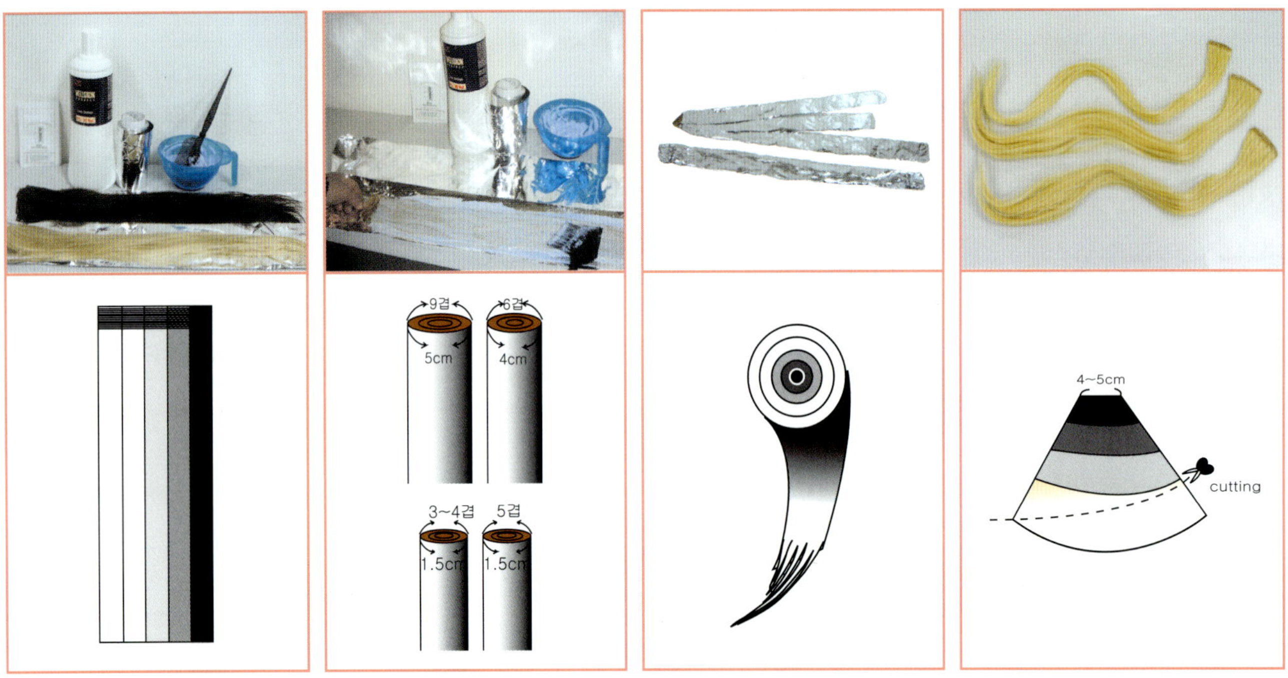

① 피스와 블리치 재료　② 블리치제 도포　③ 블리치제 도포후 방치　④ 블리치된 상태

탈색 과정

5) 액세서리 만들기

① 액세서리는 최소 2개에서 최대 3개까지 사용 가능하다.
② 액세서리가 전체 두상의 30% 이상을 차지하면 안 되며 베이스가 보여야 한다.
③ 도구에는 가는 철사, 글루건, 바늘, 실 등이 있으며 소품 유형으로는 각종 장식물(비즈, 큐빅, 반짝이), 깃털 종류, 자연 조형물 등으로 가는 철사나 핀 등에 부착해서 여러 가지 크기나 모양, 색상으로 디자인 구도를 잡아 대, 중, 소 크기로 만든다.
④ 헤어바이나이트 작품의 컨셉에 맞춰 귀걸이, 목걸이 등도 화려하게 연출한다.

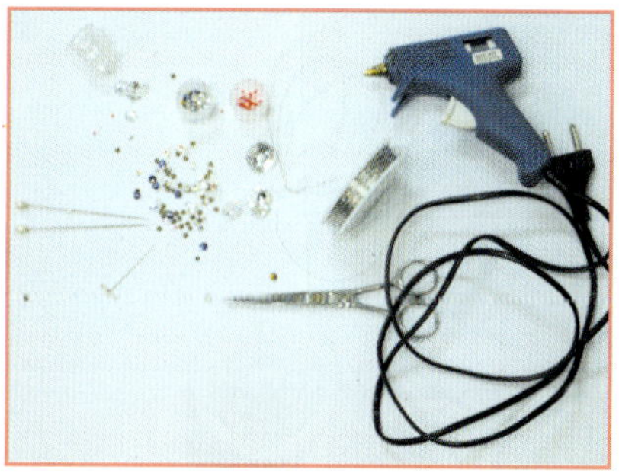

액세서리 재료

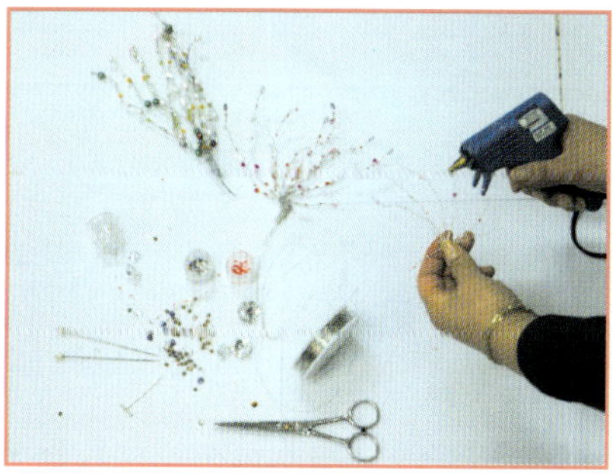

액세서리 만드는 과정

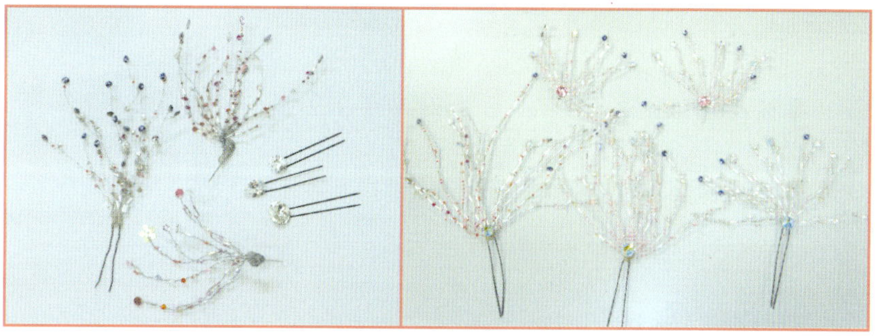

제작 완성된 액세서리

6) 헤어바이 나이트용 제작된 피스 컬러링

(1) 컬러링 재료

염색 또는 산성컬러 제품(다크 브라운, 레드, 오렌지, 라이트 오렌지, 투명), 호일, 피부 보호크림, 열처리 도구, 염색볼, 타올, 샴푸, 린스 등

(2) 여러 형태의 피스 컬러링

한쪽 사이드에서부터 명도가 가장 어두운 색 – 중간 갈색 – 밝은 갈색 – 하이라이트(어두운 적색 → 레드 → 오렌지 → 라이트 오렌지 → 하이라이트)순의 그라데이션 컬러기법으로 컨셉에 맞는 색을 도포하고, 하이라이트 부분은 색이 스며들지 않도록 투명제품을 도포후 호일로 분리 포장하여 색상의 깊이와 유지력을 위해 장시간 방치해 둔다.

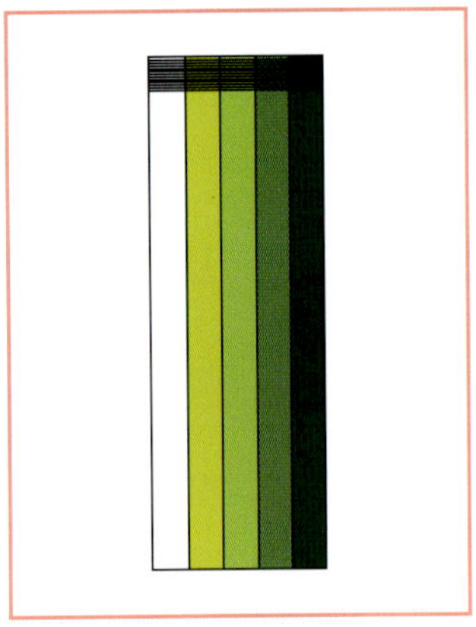

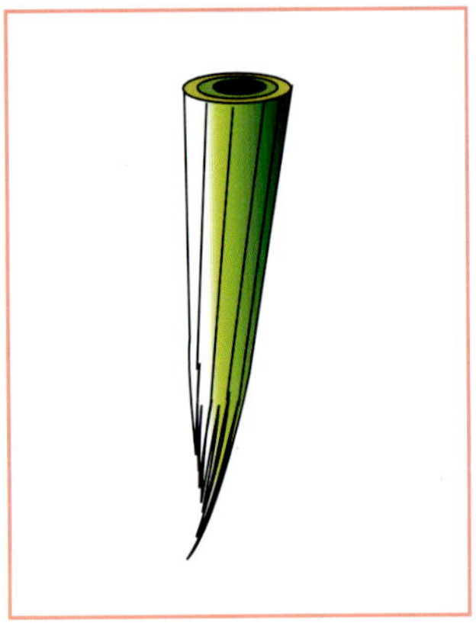

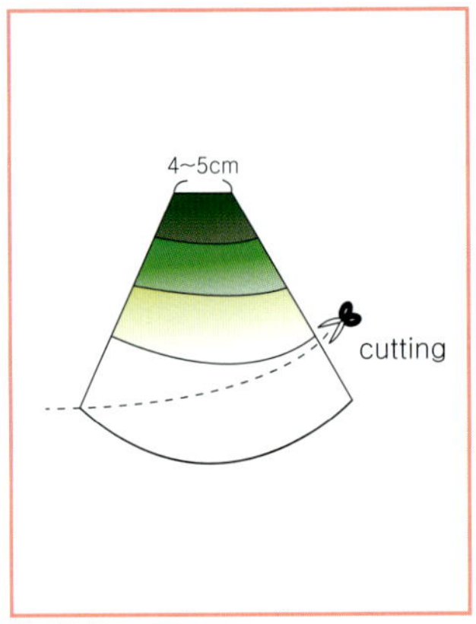

호일 포장

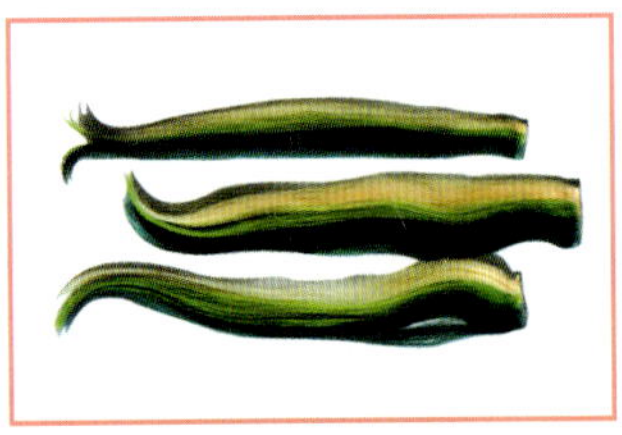

컬러 완성

컬러 제품 도포

컬러 제품 도포

방치 시간

(3) 피스 커팅과 질감 내기

컨셉에 맞는 디자인에 따라 적당한 길이로 커트하고 머리다발 끝으로 갈수록 붓 끝처럼 가늘고 가벼운 느낌이 들도록 테이퍼 가위로 질감 처리 한다.

(4) 피스 드라이

대, 중, 소 크기의 피스를 라운드 롤브러시 사용으로 볼륨을 주어 매끄럽게 드라이해서 굵은 세트롤에 감아 놓는다.

드라이 순서

a. 커트된 피스를 브러싱 한다.
b. 롤 브러시(대)를 이용해 피스 시작점부터 볼륨 드라이한다.
c. 광택 스프레이를 골고루 도포하여 곱게 빗질해주며, 스프레이를 골고루 분사하여 세트롤에 감는다.

(5) 브로우 드라이 순서

① 사이드~귀뒤~네이프

a. 무스를 전체 도포한다.

b. 귀뒤에서 네이프 사이드에서 귀뒤 순서로 브러시의 짧은 쪽과 드라이가 같은 다운세이핑 방향으로 움직이며 두상에 밀착시켜 C,J라인으로 붙인다.

c. 반대쪽도 같은 방법으로 한다.

② 백~톱

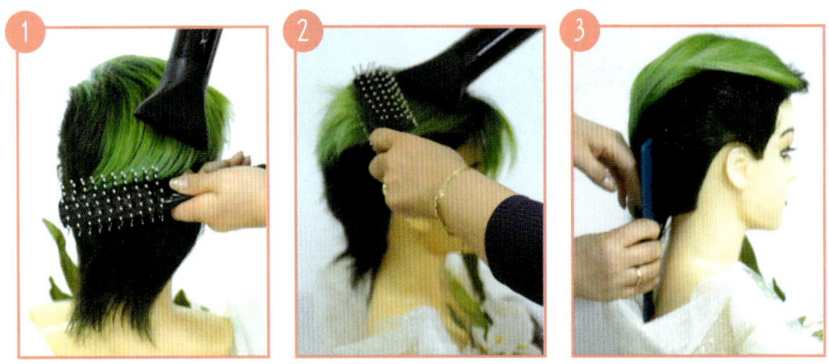

백의 컬러링된 부분은 큰 C,J라인으로 왼쪽 네이프를 향해 브러싱하며 네이프 크라운의 몰딩 방향과 밀착시키며 연결한다.

저자소개

이숙자
광주여자대학교 미용과학대학교 미용학사, 석사
대한 미용사회 중앙회 기술강사, 미용 기능장
기능 경기 대회 미용 금상 및 심사위원
광주보건대학 피부미용과 겸임교수
광주중앙미용직업 전문학교 부원장

김명주
조선대학교 미술학 석사
원광대학교 이학박사
광주보건대학 피부미용과 부교수
미용과학회 학술이사
한국 인체예술학회 상임이사 역임

손복심
광주여자대학교 미용학 석사
한국미용장중앙회 전국부회장, 호남지회장 역임
기능대회미용직종 심사장, 2급 미용사시험 출제위원 역임
광주보건대학 피부미용과 겸임교수 역임
대한미용사회 중앙회 기술강사, 별헤어시티 원장
광주여자대학교 미용과학대학원 출강

이수희
광주여자대학교 미용과학대학교 미용학사, 석사
서울 벤처 정보대학원 대학교 박사 과정
미용 기능장
동강대학 피부미용과 겸임교수
광주보건대학, 호남대학교 외래교수

헤어창작론

2007년 8월 20일 초판인쇄
2007년 8월 30일 초판발행

지은이 : 이숙자 · 김명주 · 손복심 · 이수희
펴낸이 : 이상태
디자인 : 김연지
펴낸곳 : 청구문화사
주 소 : 120-831 서울특별시 서대문구 연희 1동 436-1
전 화 : 02-332-0541(代) 팩스 : 02-337-9577
등 록 : 1990년 11월 2일 제9-247호

가격 30,000원

ISBN 978-89-5616-206-5 93590

『ㅊ』

* 창작 : 예술적 감동을 문예, 회화, 음악 등의 작품으로서 독창적으로 표현하는 것. 그 심리과정에는 창작적 기분, 착상, 연상, 완성의 단계가 있다.
* 축(axis) : 어떤 물체의 주위를 회전하는 가상의 직선

『ㅋ』

* 카우릭 파트(cowlick part) : 가르마를 타는 방법의 하나, 가마를 중심으로 해서 자연스런 머리의 흐름에 따라서 나누는 방법, 노파트로 된다.
* 컨벡스(convex) : 구의 표면과 같이 바깥쪽으로 휘어진 모양
* 컨슈머(consumer) : 개념은 소비자의 뜻, 헤어 크리에이티브 스타일을 말한다.
* 컨스트럭션(construction) : 구성, 구조
* 컨케이브(concave) : 움푹 들어갔다는 의미, 기본적인 컷 라인의 하나로, 인레이어와 아웃레이어로 구성되는 들어간 라인의 모양, 머리숱을 적게 보이게 함
* 컨트라스트(contrast) : 대조, 대비
* 컨트롤(control) : 조절, 통제, 조정
* 컨셉(concept) : 작품의 기본 계획과 의도하는 스타일의 주제
* 컬(curl) : 머리를 마는 것, 또는 말린 머리 그 자체, 컬의 목적은 웨이브를 만드는 것, 앞 머리에 변화를 주기 위하여 볼륨감을 만들기 위해서 등이다.
* 컬러(curler) : 컬을 만들어 주는 말이 기구
* 컴비네이션(combination) : 결합, 조합, 배합
* 컴포지션(composition) : 작문, 구노, 구성, 여러 부분을 하나의 전체로 구성하는 수단
* 코로넷(coronet) : 금이나 보석, 꽃 등으로 만들어진 부인용 머리장식, 원래는 왕족과 귀족의 왕관
* 코밍(combing) : 코움(빗)을 이용해서 머리를 빗는 것, 머리를 가지런하게 하거나 머릿결을 정돈하고 움직임을 주기도 한다.
* 코스튬(costume) : 복장, 머리모양 등을 포함하여 어떤 국민, 계급, 지방, 시대 등에 특유한 옷차림, 의상, 특히 부인복, 연극의 시대의상
* 크리에이트(create) : 창출하다. 창작하다.
* 키스 컬(kiss curl) : 17세기부터 유행한 것으로 뺨으로부터 옷깃에 걸친 애교머리

『ㅌ』

* 타원(oval) : 원주로 둘러싸여진 기하학적 닫힌 곡선 모양으로 시작점에서의 직경이 일정하지 않다.
* 테크니컬(technical) : 기술적인, 전문적인
* 텐션(tension) : 장력, 긴장력
* 템플(temple) : 성당, 신전, 관자놀이, 측두부
* 톱(top) . 정상, 신단, 최고위, 수싱
* 톱 헤어(top hair) : 두정부의 머리
* 통일(unity) : 많은 것을 하나로 정리하는 것, 모든 요소, 소재 또는 조건을 선택하고 정리하여 하나의 완성체로 만드는 것
* 트라이앵귤러 베이스(triangulat base) : 삼각베이스
* 트랜드(trend) : 방향, 경향
* 트리밍(trimming) : 손질하는 것, 불필요한 부분을 버리고, 전체를 정리하는 등의 의미가 있다. 마무리하기 위해서 머리끝을 가볍게 커트하는 기법

『ㅍ』

* 프린지(fringe) : 이마를 부분적으로 또는 완전히 덮은 스타일
* 파나쉬(panache)(불) : 깃털 장식이 가볍게 겹쳐진 듯한 스타일.
* 파트레스(partless) : 모발에 나누어진 부분이 없는 것, 노 파트라고도 말한다.
* 파티션(partition) : 분할, 경계의 나눔
* 패널(panel) : 가는 판상으로 나눈 머리묶음
* 패러렐(parallel) : 평행, 상이, 비교
* 패셔너블(fashionable) : 유행의, 당 시대 풍의
* 패턴(patten) : 형, 유형
* 퍼룸(forum) : 소재, 질감, 양감, 움직임 등을 가미해서 만들어진 형
* 퍼스탈리티(personality) : 개성, 인격

* 퍼워드 컬(forward curl) : 머리의 앞 부분이 얼굴 방향으로 돌아가며 말린 컬, 우측두부는 카운터 크로크 와이즈, 좌측두부는 크로크 와이즈가 된다.
* 퍼포먼스(performance) : 연기, 행사, 여흥, 성과, 행위, 순서, 예술의 완결성에 대하여 역의 기원을 두고 있는 미래파, 다다이즘 등의 표현행위에 의한 것으로 우연성을 중시하는, '과정' 의 작품을 말한다.
* 펑크스타일(punk style) : 머리 정수리 쪽의 머리카락이 가볍게 위로 치켜 올라가는 형
* 페이스(face) : 훼이스라고도 하며 얼굴, 얼굴모양
* 포워드 롤(forward roll) : 머리의 앞부분이 포워드가 된 스탠드 업 컬의 일종으로 포워드 컬에 비교해 말린 머리의 폭이 넓은 롤의 형태가 된다.
* 포인트(point) : 요점, 시, 장소, 중요한 점
* 퐁타쥬(fontage)(불) : 17세기말을 장식한 대표적 머리모양, 프랑스의 루이 14세의 애인 퐁타쥬가 고안하였다고 한다. 철사를 넣어서 정면을 넓게 만 컬의 묶음으로 장식하여 컬의 부족부분은 가발로 메운다. 여기에 퐁타쥬라고 불리는 부채꼴의 본넷을 앞 방향에 휘어진 모양으로 다는 머리모양
* 폼(form) : 형, 형식, 자태, 형태
* 퐁파두르(pompadour)(불) : 이마 선으로부터 앞머리 전체를 높게 올린 스타일을 말한다. 루이 15세의 애인 퐁파두르 백작 부인의 머리형에서 유래한 유명한 헤어스타일로 오늘날에도 유행 머리의 기본형의 하나로 되어 있다.
* 표현(expression) : 심적 상태와 정신적, 주체적인 것을 외면적, 감성적 형상으로 나타내는 것, 창작의 근본작용으로 내적인 표현을 예술적 형식의 결정체로 만드는 점에서 표출과 구별되어 사용된다.
* 플렛 컬(flat curl) : 납작하게 맨 살갗에 살짝 붙는 컬
* 프로세스(process) : 과정, 순서
* 프로포션(proportion) : 전체적인 비율
* 프로필(profile) : 옆얼굴, 측면관, 약력
* 프런트(front) : 전두부
* 피봇 포인트(pivot point) : 컬의 기점, 회전하는 포인트, 피봇은 선회축, 급소, 중심점, 회전하다의 의미
* 핀 컬(pin curl) : 세팅로션과 무스 등을 발라 빗과 핀을 이용하여 평면적인 컬을 연출할 때 사용

『ㅎ』

* 하모니(harmony) : 조화, 화합
* 하트 브레이커(heart breaker) : 17세기, 남성을 힌트로 프랑스 궁정의 여성사이에서 유행한 머리모양, 러브 록과 함께 유행함, 옷깃에 걸치는 애교머리, 좌측 사이드의 머리를 일부분 길게 늘어뜨린 것
* 헴 라인(hem line) : 머리가 나기 시작한 선
* 헤비 사이드(heavy side) : 파트를 나눈 경우 머리 양이 극단적으로 많은 쪽을 가리킨다.
* 헤어 모드(hair mode) : 머리모양의 유행
* 헤어 세팅(hair setting) : 머리카락을 특정의 위치, 상태에 놓는다는 것
* 헤어 피스(hair piece) : 머리의 일부분에 붙이는 가발, 붙임 머리
* 형태(form) : 디자인의 외형이나 윤곽선 ; 디자인의 3차원 모양
* 호리존틀 웨이브(horizontal wave) : 호리존틀은 지평선, 수평선의 의미, 웨이브의 릿지가 수평으로 되어있는 것
* 히피 스타일(hippie style) : 히피는 기성세대의 제도나 관습에 부정적인 젊은이들의 집합을 말한다. 1960년대 후반 미국에서 일어남. 장발에 비전통적 복장, 반문명적인 행동이 특징

③ 전두부

a. 왼쪽 사이드 파트에서 두상에 들뜨지 않게 밀착시켜 백을 향해 이마쪽으로 흘러 내리지 않도록 C라인으로 연결 드라이한다.

b. 백의 하이라이트가 끝나는 좌측 네이프 부분에 남긴 긴 모발들을 하나로 모아 트위스트해서 모발이 튀어나오지 않도록 고정시킨다.

c. 전체적으로 강력 스프레이를 분사해서 두상에 밀착시켜 매끄러운 면을 연결하며 드라이 바람으로 고정한다.

(6) 스타일링과 리세트 과정

① 전두부에 피스 고정 하기

a. 헤어라인 3cm 안쪽에 1, 2번의 피스를 하이라이트 컬러가 서로 마주보며 X자로 교차 교정한다.

b. 광택 스프레이를 충분히 분사한다.

c. 아래단의 피스를 모델의 왼쪽 방향으로 큰 C라인의 넓은 빗살 무늬로 빗어주고 하이라이트 부분부터 얇은 슬라이스 라인을 만들어 타원형을 만든다.

② 전두부에 피스 모양 만들기

a. 상단 피스로 모델의 우측 사이드 쪽에 같은 방법으로 타원형을 만든다.
b. 광택 스프레이 분사후 윗단이 남은 모발을 S라인으로 연결한 원형을 만들고, 일정한 간격으로 가늘게 슬라이스 하고 모발끝은 우측 사이드로 내려 놓는다.

③ 전두부에 피스 스타일링 형태 완성

a. 1번 피스 아랫단의 모발 나머지 부분도 마주보는 방향 위치에 슬라이스를 나누고 꽃잎처럼 균형을 잡아 실핀, 제작된 U핀, 대핀 등으로 안착시키고, 모발 끝부분은 톱에 남겨둔다.
b. 슬라이스 꽃잎의 형태가 무너지지 않게 실핀, U핀 등 제작한 핀으로 고정하고 스프레이로 고정하고 핀을 제거한다.

④ 네이프에 스타일링 하기

a. 왼쪽 네이프 2cm 위에 소량의 3번 피스를 사선으로 고정한다.
b. 밝은 컬러가 겉으로 자리하고, 어두운 컬러가 원 안쪽으로 위치한다.
c. 광택 스프레이를 충분히 분사하고, C라인의 빗살 무늬로 빗어준다.
d. 슬라이스 라인을 좌측은 크고 우측은 좀더 적은 슬라이스의 타원형을 형성한다.

⑤ 네이프~톱 연결하기

a. 네이프 타원형 슬라이스 라인을 만들고 남은 모발은 하이라이트 라인을 포인트를 강조하고 백을 지나 톱을 향해 S라인과 끝부분의 루프 모양으로 뒷 모습이 화려하고 입체적인 느낌을 강조한다.

b. 전두부의 남겨둔 모발 끝부분은 작은 한가닥씩 슬라이스 라인으로 펼쳐 좌측 헤어라인 코너에서 이마쪽에 포인트를 주고 톱부분 모발끝은 백콤과 스프레이로 세워서 위로 솟아오르는 난, 분수를 생각하며 얇은 라인으로 입체감을 준다.

⑥ 액세서리 연출 및 헤어바이나이트 토탈 완성

톱과 사이드, 네이프 부분의 빈공간에 제작한 액세서리를 장식하며, 전체적으로 그린 계열 컬러의 조화와 원형, 타원형, S라인, 슬라이스 라인으로 장식한 헤어바이나이트 스타일과 액세서리로 포인트를 강조하고 화려한 토탈패션이 연출되었다.

헤어바이나이트 토탈 스타일 완성

20　　년　　월　　일

작품 내용 :

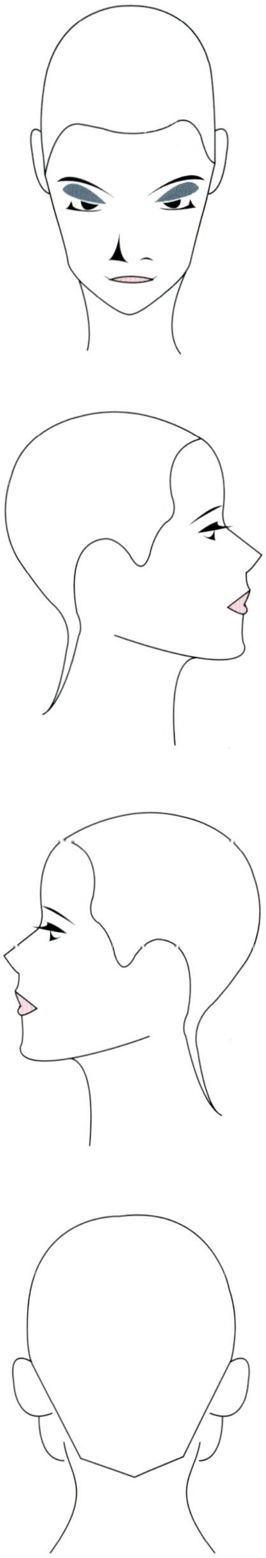

<table>
<tr><td colspan="2">20　　년　　월　　일</td></tr>
<tr><td colspan="2">작품 내용 :</td></tr>
<tr><td>전 면</td><td></td></tr>
<tr><td>우측면</td><td></td></tr>
<tr><td>좌측면</td><td></td></tr>
<tr><td>후 면</td><td></td></tr>
</table>

6. 헤어바이나이트 모델 메이크업하기

메이크업에 필요한 도구로는 펜슬, 속눈썹, 풀, 섀도우(브라운, 주황, 노랑), 하이라이트, 각종 펄 종류 등 메니큐어 마네킹에 사용(흰색, 검정, 투명, 은색 반짝이, 오렌지색 반짝이 등), 하이라이트 라인, 기본적인 재료, 브러시 세트 등이 있다.

(1) 크리에이티브 스타일에 메이크업하기

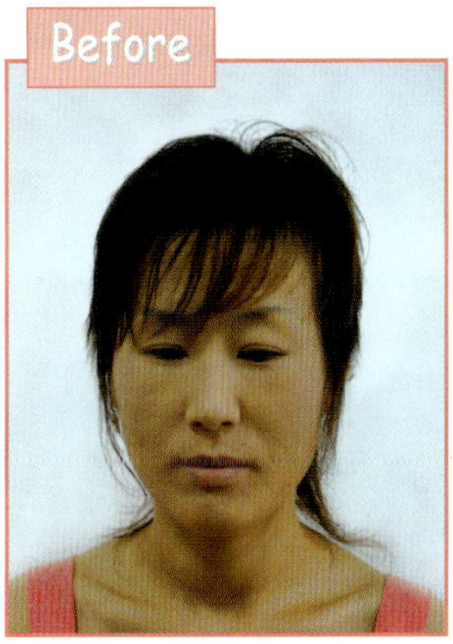

① 메이크업에 필요한 도구

섀도우 종류(갈색, 주황, 노랑 하이라이트)와 메니큐어 종류(흰색, 검정, 투명, 은색반짝이, 오렌지색 반짝이 등), 기초 화장품 일체, 펜슬, 속눈썹, 풀, 립스틱, 볼터치, 브러시 등이 있다.

② 메이크업 과정

– 기초화장과 눈썹

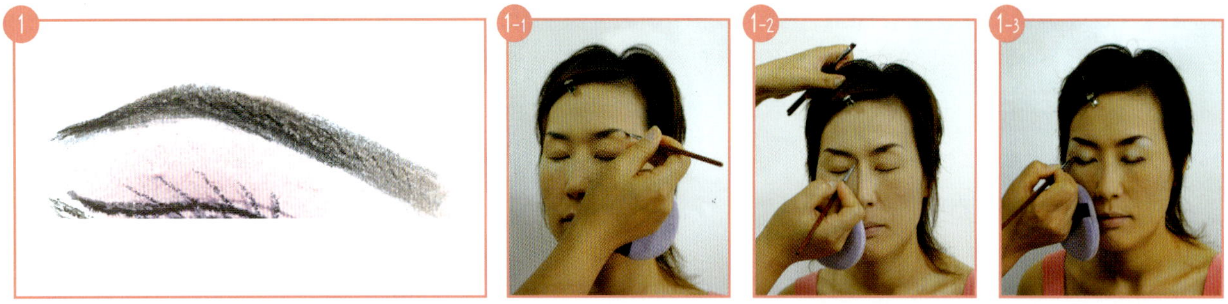

베이스에 기초 메이크업이 정돈된 상태에서 눈썹, 아이홀 쉐딩과 검정 펜슬 등으로 포인트를 잡는다.

– 섀도우와 눈썹 붙이기

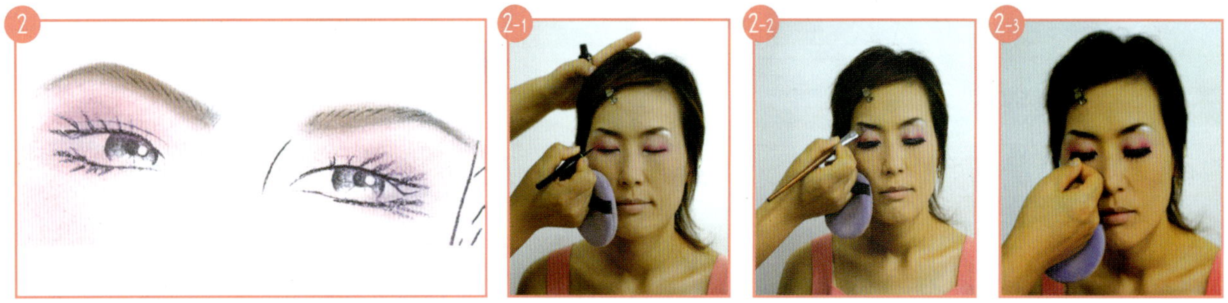

아이섀도우 브라운, 오렌지, 바이올렛, 핑크, 옐로우 계열 색상과 하이라이트 등으로 강, 중, 약의 그라데이션 기법으로 연결한다. 아이라인을 그린 후 속눈썹을 붙인다.

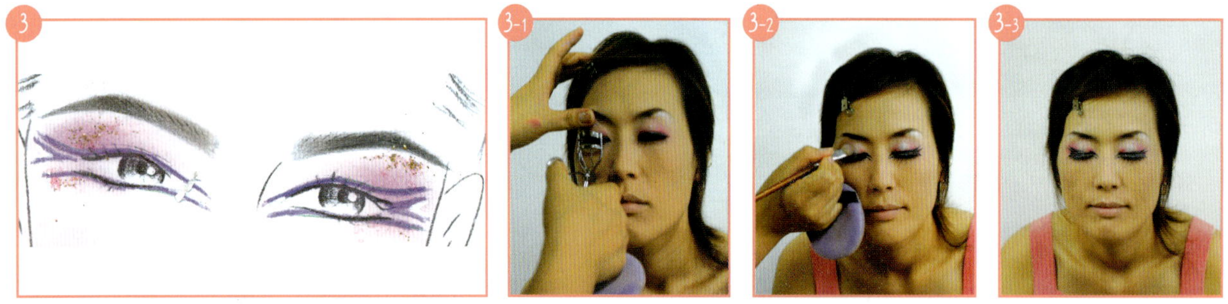

눈밑 언더라인과 섀도우도 위아래 부분을 연결한다.
속눈썹 마스카라해서 올려주고, 하이라이트로 섀도우 등으로 입체감을 살린다.

– 볼화장과 입술 메이크업

4-1

4-2

4-3
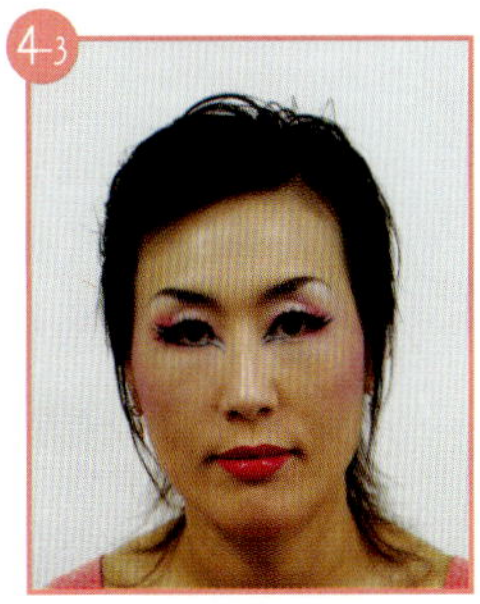

하이라이트 펜슬이나 검정 펜슬 등으로 포인트를 강조하고, 펄 파우더와 하이라이트로 T존 부위와 눈 주위를 정리한다.
모델의 이미지에 맞게 립선을 조절한다. 색상의 강, 약으로 입체감있는 입술 형태를 그린다.
모델의 피부톤 섀도우 색감과 립스틱 색감에 조화로운 볼터치를 한다.

– 메이크업 완성

5

5-1

5-2

5-3

5-4

완성 : 크리에이티브와 헤어바이나이트 메이크업 모델 완성
헤어바이나이트 모델은 하이라이트 펜슬 라인을 더욱 강조하고 펄과, 반짝이, 큐빅 등으로 화려하게 연출한다.
마네킹에는 섀도우 컬러에 맞춰 쉐도우 부분이 지워지지 않고 광택과 색상유지를 위해서 투명, 은색, 오렌지, 반짝이 매니큐어 등을 바른다.

헤어바이나이트 스타일과 의상은 미용 컨테스트 또는 특별한 행사나 연주회, 파티 장소에 따라 연출할 수 있는 고도의 테크닉 예술이다. 화려한 파티 드레스로 연출하되 모델의 장점은 돋보이고 단점이 커버되도록 한다. 유행과 계절에 맞도록 색상이나 소재를 선정하고 모델의 각선미와 볼륨감을 최대한 살려 헤어스타일이 잘 돋보일 수 있도록 효과적으로 조화롭게 연출한다.

Hair by Night 부록

용어해설

『ㄱ』

* 가이드 라인(guide line) : 스타일을 만드는데 기준이 되는 머리의 길이
* 강조(accent) : 디자인에 있어 선이나 실루엣, 재질, 색채 중에서 어느 한 부분의 표면효과를 강조하는 것
* 개성(individuality) : 각 사물 또는 각 개체가 지닌 고유한 특징적 성격
* 골덴 포인트(golden point) : 턱에서 양 귀를 연결한 선의 연장선이 두정부에서 만나는 지점
* 그라데이션(gradation) : 점차적 이행, 조금씩의 변화, 색채 용어에서는 선염법(농담을 점점 짙게 또는 엷게 하는 것)농담. 백과 흑의 명도 단계의 변화 등
* 구심(求心) : 회전하는 물체가 중심을 향하여 가까워지려고 하는 작용, 얼굴 방향으로 모발의 흐름을 갖는 것

『ㄴ』

* 내츄럴 (natural) : 자연의, 자연스러운
* 네이프(nape) : 목덜미를 뜻하며 후두부의 목덜미를 말한다.
* 네이프라인(nape line) : 헴 라인이라고도 하며 목덜미 부분의 모발과 피부의 경계선으로 후두부에서 머리가 나기 시작한 곳의 선을 말한다.

『ㄷ』

* 다운 스다일(down style) : 다운 헤어, 머리를 자연적으로 내린 머리모양의 총칭.
* 다운 스템(down stem) : 스템은 줄기, 컬을 만드는 경우, 베이스로부터 컬이 말리기 시작한 곳까지의 부분을 가리킨다. 다운 스템은 스템이 밑 방향을 향하게 되고, 두피에 대해 각도가 작게 된 상태이다.
* 다이아그램(diagram) : 그림, 도해, 도표.
* 다이아고널 웨이브(diagonal wave) : 다이아고널은 대각선의, 사선의라는 뜻. 웨이브의 굴곡선이 사선이 되는 웨이브
* 대상(object) : 예술에 있어서는 표현작용을 향한 목표가 되는 소재, 제재 등을 총칭한다.
* 대칭(symmetry) : 균형을 잡는 것
* 대조(contrast) : 다른 것과 맞추어보는 것, 서로 대립하는 두개의 요소가 확실한 것
* 덜 웨이브(dull wave) : 덜은 활발하지 않은, 둔한, 침체되었다는 뜻, 굴곡이 확실하지 않은 웨이브
* 디테일(detail) : 상세, 세부
* 디멘션(dimension) : 차원
* 디랙션(direction) : 모발의 방향과 흐름을 말한다. 하나의 선이나 면이 가는 길
* 디자인(design) : 예술적인 단어로 계획하다 라는 뜻, 헤어디자인 3요소로는 머리형태와 질감, 칼라가 있다.
* 디포메이션(deformation) : 형을 바꾼다, 모양을 바꾼다, 변형한다는 뜻

『ㄹ』

* 라운드 사이드 파트(round side part) : 사이트 파트가 곡선을 그린 파트 라인, 라운드 파트라고도 말한다.
* 라이프 스타일(life style) : 패션을 생활전체에서 찾아내는 것이 라이프 스타일. 생활 감각이 복장, 머리모양, 하나의 스타일을 만드는 것
* 랫 테일 코움(rat-tail comb) : 꼬리빗, 쥐의 꼬리 같이 가는 자루가 붙어있는 빗, 자루 부분은 파트를 나누거나 머리 묶음을 나눌 때 사용된다.
* 러프(rough) : 격식 없는, 조작 없는, 거친
* 렉탱귤러 파트(rectangular part) : 머리를 나누는 방법의 하나, 두정부를 장방형으로 나눈 것, 렉탱귤러는 장방형이란 의미
* 로맨티지즘(romanticism) : 낭만주의, 몽상적, 감상적, 주관적 정서를 즐기는 경향
  - 8세기말부터 9세기에 걸쳐 프랑스에서 일어나, 유럽에 전개된 문예사조, 고전주의에 반항하여 자유스런 공상과 감정을 중시하는 경향
* 로맨틱(romantic) : 공상적, 시적인.
* 로얄(royal) : 왕위의, 왕가에 어울리는, 고귀한
* 로우(low) : 낮다는 의미
* 로우 웨이브(low wave) : 파상의 부드러운, 산 모양의 완만한 웨이브
* 루즈(loose) : 깔끔하지 못한 모양, 야무지지 못한
* 리드미컬(rhythmical) : 율동적
* 리듬(rhythm) : 운율, 박자

* 리버스(reverse) : 반대, 역전, 포워드에 반대되는 말.
* 리세트(reset) : 끝마무리나 콤 아웃(comb out), 브러시 아웃 등으로 불리 우는 기술로 최종의 끝마무리 작업
* 리젠트 스타일(regent style) : 리젠트, 앞머리, 양 사이드 모두 뒤로 넘긴 머리모양
* 릿지(ridge) : 산등성이, 웨이브의 융기, 융기선을 말한다.
* 력셔리(luxury) : 사치스러운, 호화로운

『ㅁ』

* 매치(match) : 조화된 것
* 메리트(merit) : 가치
* 메쉬(meche)(불) : 머리의 묶음, 탈색하다 라는 뜻으로 머리의 일부분을 칼라링하는 것
* 모던(modern) : 현대적인, 근대적인
* 모듈레이션(modulation) : 가감, 조정
* 모드(mode) : 방법, 형식, 양식, 유행
* 몰드(mould) : 모양을 만들다, 갖추다.
* 무브(move) : 움직임, 움직이는 듯한 느낌
* 미니멀리즘(minimalism) : 장식적인 요소는 일절 제하고, 최소한으로 표현한 양식

『ㅂ』

* 버티컬(vertical) : 세로
* 바이어스(bias) : 사선, 비스듬한
* 반복(repetition) : 모든 단위가 위치를 제외하고 동일할 때
* 방사 분배(radial Distribution) : 머리를 한 시작점에서 분배하는 것
* 백(back) : 배경, 미용용어에서는 두발의 뒷부분
* 백콤(back comb) : 볼륨을 더해주고 방향을 유도할 때 머리다발을 들어 올려 빗으로 밀어 넣는 동작
* 밴딩(banding) : 고무줄이나 끈으로 묶어 고정하는 것
* 밸랜스(balance) : 균형, 디자인 요소들의 평형관계
* 뱅(bang) : 잘라서 내린 앞부분의 머리
* 버라이어티(variety) : 다양성, 변화
* 베리에이션(variation) : 변화
* 베이스(base) : 기본, 기준, 토대, 심지, 미용에서는 컬을 만들기 위해 나눈 머리다발의 근원부위를 말한다. 커트나 퍼머, 핀컬, 드라이 등을 시작할 때 제일 먼저 결정되어지는 머리의 가장 적은 부분, 밑뿌리를 말하는 것으로 화장에서는 기초 밑바탕이 되는 밑화장을 말한다.
* 보이쉬 스타일(boyish style) : 남자아이 같은 머리형으로 자른 여성의 헤어스타일, 1930년경 영국의 여배우 베아트리스 리리에 의해 보이쉬 보브가 일반화되었다.
* 보헤미안(bogemian) : 방랑적인 생활을 하는 사람, 보헤미아 풍
* 볼륨(volume) : 부피의 감각
* 브러싱(brushing) : 머리를 브러시로 빗는 것, 두피의 더러움을 제거하거나 적당한 자극으로 혈액순환을 원활하게 하거나 모발의 흐트러짐을 정리하는 것
* 브레이드(braid) : 헤어에서 3개의 짜임으로 대표되는 조직상으로 짜여진 머리를 말한다. 끈 실을 몇 가닥 늘어놓고 묶은 머리, 여러 가닥을 꼰 머리, 테이프 상의 머리, 장식용 끈 등
* 블로킹(blocking) : 미용 기술을 시술할 때, 머리카락을 크게 구분하여 나누는 것. 시술하기 용이하기 위하여 스타일에 맞추어서 구분 짓는 구획
* 비조화(discord) : 단위들 간 최대치의 간격; 극도의 대조

『ㅅ』

* 사이드(side) : 양측두부
* 샤기(shaggy) : 보풀이 일어난 긴 표면털(직물에 난 털)을 가진 모직물. 텁수룩한 털이란 뜻
* 서클 파트(circle part) : 서클은 기하학적 곡선으로 원, 원주, 파트는 원형으로 잡은 것, 라운드 파트와 같다.
* 선(line) : 연장된 점(점들의 집합)
* 세미 롱(semi-long) : 숏과 롱의 중간의 머리 길이로 정돈된 머리모양
* 세이핑(hair shaping) : 빗으로 빗기면서 형을 만드는 것으로 컬과 웨이브를 만들기 위한 기초 기술 등을 말한다. 헤어스타일을 위한 업 세이핑(up shaping), 다운 세이핑(down shaping)이 있다.
* 세트(set) : 본래 의미는 특정한 위치나 상태로 둔다 라는 뜻이지만 정리한다 라는 의미로 쓰인다.
* 섹션(section) : 부분, 블로킹으로 구분한 부분 또는 그 보다 더 작게 나눈 부분

* 센스(sense) : 감각, 사려, 사물의 미묘한 느낌
* 센시빌리티(sensibility) : 감수성
* 센터 백 파트(center back part) : 두정부에서 뒤 네이프 까지의 전체를 중앙으로 하나로 나누는 것
* 센터파트(center part) : 머리를 이마에서 정중선으로부터 나눈 것
* 스윙 웨이브(swing wave) : 스윙은 흔들리는, 진동한다는 뜻, 흔들리는 듯이 큰 움직임을 가진 웨이브
* 스크런칭(scrunching) : 디퓨저를 사용해 머리를 말릴 때 부드럽게 머리를 쥐어주는 마무리 기법
* 스퀘어(square) : 정방형
* 스퀘어 베이스(square base) : 정방형 베이스
* 스파이럴 컬(spiral curl) : 나선형으로 머리묶음을 땋는 컬
* 스파이키(spiky) : 머리의 앞, 머리 묶음에 날카로움을 주는 것
* 스타일(style) : 양식, 격식, 형, 좁은 뜻으로는 시대의 대표적인 형으로서 정착된 경우를 말한다. 복장에서는 룩, 패션과 같은 뜻으로 쓰인다.
* 스타일링(styling) : 양식, 실용적, 미적 효과를 높이기 위해 외견 스타일에 특색을 주는 것, 또는 프로세스를 말한다.
* 스타일리스트(stylist) : 패션쇼, 잡지, 텔레비전, 영화 등의 의상과 소품 또는 실내장식품을 선정, 코디네이터 하는 사람
* 스탠드 업 컬(stand up crul) : 스템이 두피로부터 선 듯이 만든 컬, 볼륨을 만들고 싶을 때 사용, 마는 방향에 따라 포어드와 리버스의 두 종류가 있다.
* 스테이지 메이크 업(stage make up) : 무대용의 화장, 도란(화장용 유성분), 글리스 페인트 등을 사용.
* 스템(stem) : 컬의 베이스(기준점) 밑뿌리에서 컬을 말기 시작하는 곳 까지, 즉 머리 줄기를 말한다.
* 스트랜드(strand) : 실, 가닥 등의 의미로 한 줄기의 모발 묶음, 한 가닥의 모발을 말한다.
* 스트림 라인(streamline) : 스트림은 흐르다. 경사의 뜻, 유선형
* 스트레이트 백(straighe back) : 스트레이트는 똑바른, 말끔하다는 의미, 머리를 전부 뒤로 넘긴 스타일, 속칭 올백
* 스페이스(space) : 공간, 장소, 여백, 건축, 조형 등에 있어서 3차원적인 공간과 넓이, 회화 글 등에서는 2차원적인 화면, 여백 등의 의미로 쓰인다.
* 슬라이스(slice) : 한번 자른, 부분, 얇게 자른, 머리카락을 아주 적게 나누는 것
* 시뇽(chignon)(불) : 틀어 올린 머리, 머리를 틀어 올리거나, 묶거나 롤로 말아 묶은 것
* 시메트리(symmetry) : 좌우가 대조적으로 균형이 맞는 것, 좌우대칭
* 실루엣(silhouette)(불) : 윤곽선, 라인과 같은 뜻으로 쓰임
* 심볼(symbol) : 상징, 표상, 기호
* 써멀 스타일링(thermal styling) : 머리를 디자인하기 위해 열이 필요한 기구, 예를 들어 컬링 아이롱이나 전기셋트와 같은 기구를 사용하는 것
* C컬 : 웨이브 모양 중에 S자 컬의 1/2인 C자 형태의 웨이브
* S자 웨이브 : C컬과 반대 C컬이 합쳐진 모양의 웨이브

『ㅇ』

* 아킹(arching) : 아킹 동작으로 머리를 커트하는 레저 커팅기법
* 아크베이스(arc base) : 반달모양의 베이스
* 액티베이트(activated) : 커트한 머리 끝이 보이는 거친 머리표면
* 아웃라인(outline) : 외형, 윤곽, 약도, 사물의 대략적인 형태, 미용에서는 머리모양의 실루엣(silhouette)
* 악시피탈 본(occipital bone) : 후두부에 튀어나온 뼈를 가리킴으로 후두부에서 움푹 들어간 부분과 대응한다.
* 앙글레즈(anglaise)(불) : 길게 세로로 땋아 묶은 머리, 이탈리아 풍의 세로 롤의 머리모양에서 19세기중반 유행
* 앙상블(emsemble) : 정돈됨, 통일, 조화란 뜻, 정돈된 복장에서부터 장식품에 이르기까지 전체적으로 조화를 이룬다.
* 역모(逆毛) : 백콤의 결과로 이루어진 쌓인 모발
* 애프터 이미지(after image) : 심리학 용어로서 잔상
* 액세서리(accessory) : 장신구, 부속품, 주로 의복에 대해 복장을 제외한 것. 팔찌, 브로치, 귀걸이, 벨트, 모자, 장갑, 손수건, 가방, 신발 등의 장식할 수 있는 것
* 액센트(accent) : 강조, 강약, 억양, 어조, 즉 어느 부분을 강조하거나 눈에 띄게 하는 의미로 사용된다.
* 앵글(angle) : 각, 각도, 시점이란 뜻으로, 대상과 시선 관계의 각도를 말한다.
* 양감(weight) : 볼륨. 물체의 크기, 무게 두께 등의 느낌, 조형예술에서는 대상물의 실재감, 입체감을 포함한다.
* 어낼러시스(analysis) : 분해, 분석. 어떤 디자인 전체를 부분으로 나누는 절차
* 어레인지먼트(arrangement) : 순서를 정하다. 배치, 배합, 장식을 의미하기도 한다.
* 어시메트리(asymmetry) : 비대칭, 불균형, 부조화를 말하는 것으로 머리카락의 흐름이나 부풀어 있는 정도가 좌우 대조적으로 균형이 맞지 않는 것

* 언더 브레이드(underbraid) : 바깥 가닥을 가운데 가닥의 아래로 교차시키면서 땋는 방식 = 아래 땋기
* 언밸런스(unbalance) : 불균형, 불평형, 균형이 잡히지 않은 것으로 운동감을 주는 효과가 있다.
* 업 다이아고널 파트(up diagonal part) : 다이아고널은 대각선, 경사의 뜻, 파트는 나눈다는 의미, 사이드 파트의 경우 나누는 선이 뒷 방향에서부터 올라가는 것을 말한다.
* 업 스웹트 스타일(up swept style) : 빗이나 브러시로 쓸어 올린다는 의미 = 업 스타일(up style)
* 업 스타일(up style) : 올림머리, 얹음머리
* 엔드 오브 컬(end of curl) : 컬 상태로 만들어진 모발의 선단 부분, 컬의 끝 부분
* 엔드 플루프(end fluff) : 플루프는 솜털, 푹신푹신한 느낌이란 뜻, 엔드 프루프는 머리카락의 처리를 볼륨을 주어 뜨게 하는 것, 라운드 프루프와 베이지 보이 프루프가 있다.
* 엘레강스(elegance) : 우아, 우미, 품격 높은, 바르고 우아함
* 오너먼트(ornament) : 장식품, 장식하는 것, 목걸이나 가슴의 꽃 등
* 오리지날(original) : 원시의, 고유의, 독창적
* 오리지날리티(originality) : 독창성, 창조력, 신기술의 구축, 작품의 아이디어
* 오버랩(overlap) : 겹치다. 중복되다. 컬과 컬을 겹치는 것
* 오벌 페이스(oval face) : 달걀형의 얼굴, 오벌은 달걀형, 타원형이란 뜻
* 오브롱(oblong) : 장방형의, 직사각형의
* 오프 더 페이스(off the face) : 얼굴로부터 떨어져서라는 의미, 미용용어에서는 머리를 뒤로 넘겨서 이마를 확실하게 드러내는 헤어스타일을 말한다.
* 와인딩(winding) : 모발을 로드에 마는 기법, 랩핑(wrapping)이라고도 한다.
* 원(circle) : 기하학적인 닫힌 곡선 모양으로 원주로 둘러싸여 있으며 중앙의 시작점에서 직경이 일정하다.
* 원랭스 커트(one length cut) : 모발의 커트선이 일정한 라인을 유지하면서 인사이드와 아웃사이드의 단차가 없는 상태
* 원 롤(one roll) : 양 귀의 후두부로부터 네이프에 따라서 밖으로 말아 큰 롤 상으로 전체가 말린 머리모양, 봉 모양으로 만들어진 보조머리를 심으로 사용한다.
* 원심(遠心) : 회전하는 물체가 중심에서 멀어지려는 작용, 얼굴 바깥으로 모발의 흐름을 갖는 것
* 위그(wig) : 가발
* 위로 땋기(over braid) : 바깥 가닥을 가운데 가닥 위로 교대로 겹치는 땋기
  한 끝에서 다른 끝까지 안과 밖을 엮으며 지나가기
* 유니섹스(unisex) : 모노섹스, 복장 등에서 남녀 구별이 없는 현상
* 유니티(unity) : 단일, 일치, 조형미를 만들어내기 위한 기본원리의 하나
* 유형(type) : 타입
* 이미지(image) : 모습, 모양, 꼴, 상징, 마음속에 그려지는 사물의 감각적인 영상
* 이미지 라인(image line) : 얼굴, 턱, 두부의 형으로부터 전체 실루엣을 정해 헤어디자인을 위해 만드는 라인
* 이어 투 이어 라인(ear to ear line) : 귀에서 귀를 잇는 선
* 이어 투 이어 파트(ear to ear part) : 한쪽 귀의 귓바퀴로부터 다른 한쪽의 귓바퀴로, 두정부를 가로로 나눠지도록 머리를 나누는 것
* 익스텐디드 웨이브(extended wave) : 익스텐디드는 넓은, 넓혀진이란 뜻. 웨이브를 연장한 경우 우측으로 만 컬의 배열 다음, 좌측으로 만 컬, 그 다음에 다시 우측으로 만 컬로 교차해 배열하는 방법을 말한다. 우측 컬 =C(크로크와이즈) 시계방향, 좌측 컬=CC(카운터 크로크와이즈) 반시계방향
* 익스텐션(extension) : 신장, 넓이, 붙이는 머리의 일종으로 머리의 길이, 양감, 다른 질감을 더하는 것
* 인덴테이션 라인(indentation line) : 거꾸로, 반대방향의 선

『ㅈ』

* 지오메트릭 쉐입(geometric shapes) : 직선이나 곡선으로 닫히거나 연결된 선
* 장식(decoration) : 꾸미는 것, 장식한 것, 근대에서는 일반적으로 아름다움을 준다는 의미로 쓰인다.
* 조형 : 형체를 만드는 것, 좁은 의미로는 조형예술을 가리키지만, 오늘날에는 여러가지 미술적 요소를 지닌 것을 포함시킨 개념으로서 쓰인다.
* 조형예술 : 물질적 재료에 형태를 주는 것으로 공간적으로 고정되어 시각에 호소하는 예술, 건축, 조각, 회화, 장식품 등의 총칭
* 조화(harmony) : 한 가지 혹은 몇 가지 점에서 비슷한 단위들의 어울리는 혼합으로 어긋남이 없이 서로 잘 어울림
* 지그쟈그(zigzag) : 지그재그
* 진행(progression) : 모든 단위가 비슷하지만 비례에 따라 커지거나 작아지면 점진적으로 변화한다.
* 질감(texture) : 물질 그 자체의 독특한 재질의 느낌. 매끈매끈, 꺼칠꺼칠함과 같은 질감은 촉감적, 시각적이다.

참고문헌

구당서.
국사편찬위원회, 국사, 교학사, 2005.
김기웅, 고구려 고분 벽화, 서문당, 2002.
김명주 외, 모발미용학, 훈민사, 2005.
김송정, 고구려 집안과 평양지역 고분에 표현된 여성들의 헤어스타일 연구, 성균관대학교 생활과학 대학원 석사학위 논문, 2002.
김춘득, 동서양미용문화사, 현문사, 2002.
김태영, 조선후기 헤어스타일의 변화 요인 연구, 동아대학교 의상섬유학과 대학원 석사학위논문, 2002.
김환, 열두손가락 업스타일, 도원출판, 2001.
김희숙, 화장문화사, 청구문화사, 2000.
김희숙 · 유송옥, 한국 현대여성 헤어스타일 변천과 특징에 관한 연구, 미용학회지.
동경지.
라윤영, 한국여성의 헤어스타일 변천에 관한 연구 -1900년대부터 1990년대를 중심으로- , 호남대학교 정보산업대학원 석사학위 논문, 2001.
롱 헤어디자인 포럼, PIVOT POINT INTERNATIONAL, 피봇포인트, 2001.
롱헤어디자인, PIVOT POINT INTERNATIONAL, 피봇포인트, 2000.
류은주, 모발미학사, 이화출판사, 2003.
문영대, 한국불교미술사, 한언, 1997.
미용회보, 1985~2006.
북사.
북학의.
삼국사기.
성종실록.
손미경, 한국여인의 발자취, 도서출판 이환, 2004.
손미경, 한국여인의 발자취, 이화, 2004.
손진아, Contest Design Skills, 미디어 뷰, 2006.
송사.
신당서.
영조실록.
유희경, 한국복식문화사, 교문사, 1981.
유희경, 한국복식문화사, 교문사, 1993.
이규경, 오주연문장전산고.
이여성, 조선복식사, 백양당, 1947.
이온숙, LEE ON SOOK NOBLESSE UP-STYLE, 일산 피엔피, 2003.
이혜정 외, C.C.C UP STYLE, 청구문화사, 2004.
장지현, 근현대사, 한빛공무원학원, 2004.
전선정 외, 미용미학과 미용문화사, 청구문화사, 2004.
전호태, 고분벽화로 본 고구려 이야기, 풀빛, 1999.
정미경, 우리나라 머리모양에 관한 연구, 국민대학교 대학원 석사학위 논문, 1989.
정숙향, 업헤어스타일의 디자인 개발에 관한 연구, 대구카톨릭대학교 대학원 석사학위논문, 2002.

정임숙, 20세기 서구여성의 헤어스타일과 복식변천에 관한 연구, 한성대학교 예술대학원 석사학위 논문, 2002.
정조실록.
정찬이, HAIR UP STYIE, 현문사, 2006.
정홍숙, 서양복식문화사, 교문사, 1997.
정홍숙, 근대복식문화사, 교문사, 1995.
주서.
최혜정, 얼굴형에 따른 헤어스타일 연구, 한남대학교 사회문화과학대학원 석사학위 논문, 2005.
한국헤어스타일 변천, 한국미용장회중앙회, 2006.
한성진의 UP&UP 한성진의 15분 업스타일, 드림 북, 2003.
헤어 스컬프춰레이디스 여성컷, PIVOT POINT INTERNATIONAL, 2002.
현장, 티베트, 예술과 자연, 불교출판 연지문, 1998.
http://100.naver.com/100.nhn?docid=27171
http://cafe.naver.com/romankillers.cafe?iframe_url=/ArticleRead.nhn%3Farticleid=611 도련도

찾아보기

INDEX